Günther Frei
Urs Stammbach

Die Mathematiker an den Zürcher Hochschulen

Springer Basel AG

Adressen der Autoren:

Professor Dr. Günther Frei
Département de mathématiques
Université Laval
Québec, G1K 7P4, Canada

Professor Dr. Urs Stammbach
Mathematik
ETH-Zentrum
CH-8092 Zürich

Die Drucklegung des Werkes wurde freundlicherweise unterstützt
durch die ETH Zürich und die Universität Zürich.

Die Deutsche Bibliothek - CIP-Einheitsaufnahme

Die Mathematiker an den Zürcher Hochschulen / Günther Frei ;
Urs Stammbach. – Basel ; Boston ; Berlin : Birkhäuser, 1994
   ISBN 978-3-7643-5078-9   ISBN 978-3-0348-8542-3 (eBook)
   DOI 10.1007/978-3-0348-8542-3
NE: Frei, Günther; Stammbach, Urs

Gedruckt auf säurefreiem Papier, hergestellt aus chlorfrei gebleichtem Zellstoff
Umschlaggestaltung: Markus Etterich, Basel

ISBN 978-3-7643-5078-9

9 8 7 6 5 4 3 2 1

Unseren Lehrern
Bartel L. van der Waerden
und
Beno Eckmann
in Dankbarkeit gewidmet

Inhalt

Vorwort ix

Der erste Internationale Mathematiker-Kongress, 1897 1

Internationaler Mathematiker-Kongress 1932 5

Die Mathematiker an der Universität Zürich 9

   1 Anfänge, 1833 bis 1855 9

   2 Beziehungen zum Polytechnikum, 1855 bis 1876 12

   3 Von 1876 bis zum Ersten Weltkrieg 14

   4 Die Zeit nach dem Ersten Weltkrieg 19

Die Mathematiker an der ETH Zürich 33

   1 Von der Gründung bis zur Jahrhundertwende 33

   2 Von der Jahrhundertwende bis in die dreissiger Jahre 49

   3 Von den dreissiger zu den sechziger Jahren 57

Anmerkungen 69

Literatur 74

Namenindex 75

Vorwort

Das vorliegende Büchlein möchte einen kurzen Überblick über die Entwicklung der Mathematik an den beiden Zürcher Hochschulen vermitteln, wobei die personellen Aspekte im Vordergrund stehen. Eine ausführliche historische Darstellung oder eine eingehende Würdigung der hier tätig gewesenen Mathematiker ist also nicht beabsichtigt — das hätte der bescheidene Rahmen nicht erlaubt —, sondern ein kurzer, leicht lesbarer Text, der die wichtigsten Entwicklungsschritte festhält.

Das Bändchen wäre ohne die Unterstützung von verschiedenster Seite kaum entstanden. Die Autoren möchten hier allen Beteiligten bestens danken, in erster Linie Dr. Beat Glaus, Leiter der Wissenschaftshistorischen Sammlungen der ETH-Bibliothek, und Dr. Gian Nogler, Archivar der Universität Zürich. Ihr freundliches Entgegenkommen und ihre fachkundigen Ratschläge haben uns die Arbeit sehr erleichtert. Für die kritische Lektüre von Teilen des Textes und für nützliche Hinweise danken wir Armand Borel, Johann Jakob Burckhardt, Corneliu Constantinescu, Beno Eckmann, Erwin Neuenschwander, Ernst Specker und Kurt Strebel. Unser Dank geht ferner an die ETH und die Universität Zürich für die finanzielle Unterstützung, die eine preiswerte Herausgabe des Textes ermöglichte. Dem ersten Autor ist es ausserdem eine angenehme Pflicht, dem kanadischen Forschungsrat und der Provinz Quebec für die Unterstützung seiner Arbeit zu danken. Schliesslich geht unser Dank an den Birkhäuser Verlag, insbesondere an Frau Annette A'Campo, für die sorgfältige Betreuung des Büchleins. Die Hilfe von weiteren, hier nicht namentlich Genannten, durften wir ebenfalls beanspruchen; es ist uns ein Bedürfnis, auch ihnen herzlich zu danken.

Zürich, im Mai 1994

Internationaler Mathematiker-Kongress 1897. Die im Original farbige Karte zeigt die Porträts von Daniel Bernoulli (oben links), Jakob Bernoulli (oben Mitte), Johann Bernoulli (oben rechts), Leonard Euler (unten links), Jakob Steiner (unten rechts). In der Vignette unten ist der mittlere Teil der Westfassade des Semper-Baus des Eidgenössischen Polytechnikums zu sehen.

Der erste Internationale Mathematiker-Kongress, 1897

Der «erste» Internationale Mathematiker-Kongress hat nach allgemeiner Auffassung einen (oder sogar mehrere) Vorläufer. So fand aus Anlass der 400-Jahr-Feier der Entdeckung Amerikas durch Kolumbus in Chicago die «World's Columbian Exposition» statt, in deren Rahmen auch ein «world congress of mathematicians and astronomers» organisiert wurde. Unter den wenigen aus Europa hergereisten Teilnehmern befand sich Felix Klein. Ihm fiel die Ehre zu, den Eröffnungsvortrag zu halten. Darin rief er unter anderem die Mathematiker dazu auf, sich international zusammenzuschliessen, und regte zu diesem Zweck die Organisation internationaler Mathematiker-Kongresse an.

Unter den Mathematikern Europas folgte darauf ein intensiver Gedankenaustausch, aus dem sich schliesslich der Wunsch ergab, im Jahre 1987 einen «ersten» Internationalen Mathematiker-Kongress in Zürich durchzuführen. Das «Einladungscircular» des Kongresses hält dazu folgendes fest:[1]

«[Es] wurde [...] allgemein als zweckmässig bezeichnet, dass der erste Versuch von einem Land ausgehen sollte, das durch seine Lage, seine Verhältnisse und durch seine Tradition zur Anbahnung internationaler Beziehungen besonders geeignet sei. So richteten sich denn bald die Blicke nach der Schweiz und insbesondere nach Zürich.»

Man glaubte mit Zürich auch deshalb den richtigen Ort gefunden zu haben, weil sich das Eidgenössische Polytechnikum und der hier tätige C.F. Geiser bereit erklärt hatten, die Organisation zu übernehmen. Carl Friedrich Geiser[2], der seine Professur am Eidgenössischen Polytechnikum im Jahre 1873 angetreten hatte, verfügte über zahlreiche Beziehungen in der Schweiz und zum Ausland und hatte sich, insbesondere als Direktor des Eidgenössischen Polytechnikums von 1881–1887 und von 1891–1895, in administrativen Belangen als sehr geschickt erwiesen. Die Zürcher Mathematiker bestimmten bereits im Sommer 1896 ein Komitee, das unter der Präsidentschaft Geisers die Vorbereitungen an die Hand nahm. Da die Mathematik zu jener Zeit an der Universität Zürich nicht sehr gut besetzt war und ihr bedeutendster Vertreter, A. Meyer[3], 1896 starb, waren anfangs nur Professoren des Eidgenössischen Polytechnikums beteiligt. In der ersten Sitzung wurden die Daten des Kongresses festgelegt, nämlich der 9., 10. und 11. August 1897. Beschlossen wurde bald darauf auch die Bildung eines internationalen Komitees, welches die Aufgabe übernahm, «für das Jahr 1897 in Zürich eine Zusammenkunft der Mathematiker aller Länder der Erde zu veranstalten». Diesem gehörten nicht nur Mathematiker an, sondern z.B. auch der Präsident des Schweizerischen Schulrates, H. Bleuler, und der Direktor des Eidgenössischen Polytechnikums, A. Herzog. Ferner traten neu auch die erst vor kurzem nach Zürich gekommenen Professoren H. Burkhardt (Universität Zürich) und H. Minkowski (Eidgenössisches Polytechnikum) hinzu sowie eine Reihe von ausländischen Mathematikern, darunter L. Cremona (Rom), F. Klein (Göttingen), A. Markoff (St. Petersburg),

G. Mittag-Leffler (Stockholm), H. Poincaré (Paris). Zur Wahl von Felix Klein stellte Minkowski in seinem Brief an Hilbert vom 17. November etwas boshaft fest: «In's Comité ist für Deutschland Klein gewählt, was natürlich zur Folge haben wird, dass aus Berlin sicher Niemand kommen wird.»[4] Wie es sich dann zeigte, behielt Minkowski mit seiner Voraussage weitgehend recht.

Bereits im Januar 1897 wurden an rund 2000 Mathematiker in aller Welt Einladungen zum Kongress versandt. Schliesslich nahmen 242 Personen daran teil, darunter 38 Damen, von denen allerdings anscheinend nur drei Mathematikerinnen waren. Die Teilnehmer stammten aus 16 verschiedenen Ländern, sechs Herren und eine Dame kamen sogar aus Nordamerika.

Der Kongress wurde am Montag, den 9. August «punkt 9 Uhr» in der Aula des Eidgenössischen Polytechnikums von C.F. Geiser als Präsidenten des Organisationskomitees eröffnet. Da Poincaré, dessen Vortrag nach der Eröffnung vorgesehen war, wegen eines Trauerfalles nicht nach Zürich kommen konnte, verlas J. Franel das Manuskript mit dem Titel: «Sur les rapports de l'analyse pure et de la physique mathématique». Es schlossen sich Vorträge an von F. Rudio «Sur le but et l'organisation des congrès internationaux des mathématiciens» und A. Hurwitz «Entwicklungen der allgemeinen Theorie der analytischen Funktionen in neuerer Zeit». Um 1 Uhr begaben sich die Teilnehmer zu einem Bankett in die Tonhalle, worauf um 4 Uhr «die Gesellschaft auf dem Salondampfer Helvetia in etwas mehr als einstündiger Fahrt, nach dem am entgegengesetzten Ende des Zürcher Sees gelegenen Rapperswyl geführt» wurde. Auf 9 Uhr kehrte man wieder nach Zürich zurück, wo eine «Venetianische Nacht» mit illuminierten Gondeln, bengalischer Beleuchtung verschiedener Gebäude der Stadt Zürich und einem Feuerwerk geplant war. Ein Teil dieser Veranstaltungen musste aber des stürmischen Wetters wegen ausfallen.

Für den Dienstag, 10. August waren Vorträge in fünf verschiedenen Sektionen vorgesehen, denen H. Minkowski (Arithmetik und Algebra), A. Hurwitz (Analysis und Funktionentheorie), M. Lacombe (Geometrie), A. Herzog (Mechanik und Mathematische Physik) und F. Rudio (Geschichte und Bibliographie) vorstanden.

Am Mittwoch, 11. August fand die zweite Hauptversammlung statt, mit einem Vortrag von G. Peano «Logica matematica» und einem von F. Klein «Zur Frage des höheren mathematischen Unterrichts». Anschliessend beschloss die Versammlung, dass «Internationale mathematische Kongresse künftighin in Zwischenräumen von 3–5 Jahren und unter gebührender Berücksichtigung der verschiedenen Länder veranstaltet werden sollen» und dass «der nächste Kongress im Jahre 1900 in Paris stattfinden» soll. In zwei Artikeln eines entsprechenden Reglementes, die im bereits oben erwähnten Vortrag von Rudio noch näher ausgeführt worden waren, wurde festgehalten:

«Der Kongress hat den Zweck, die persönlichen Beziehungen zwischen den Mathematikern der verschiedenen Länder zu fördern.»

«Der Kongress hat den Zweck, in den Vorträgen der Hauptversammlungen und der Sektionssitzungen einen Überblick über den gegenwärtigen Stand der verschiedenen Gebiete mathematischer Wissenschaften und ihrer Anwendungen, sowie die Behandlung einzelner Probleme von besonderer Bedeutung zu bieten.»

Nach Schluss der Hauptversammlung «führten mehrere aufeinander folgende Extrazüge die Mathematiker mit ihren Damen auf die Höhe des Uto, wo 2 1/2 Uhr das Schlussbankett im renovierten Hotel Uetliberg begann». Dieser Ausflug war offenbar von den Umständen sehr begünstigt, denn der Bericht darüber in den «Verhandlungen des Ersten Internationalen Mathematiker-Kongresses» stellt in der damals üblichen blumigen Sprache fest: «[...] das Wetter war unvergleichlich; kein Wölkchen trübte die strahlende Bläue des Himmels. Die Schneeberge hatten sich zu Ehren der Mathematiker mit ihrem schönsten Hermelin geschmückt, Säntis, Glärnisch und Tödi, die Urner-, Engelberger- und Berner Oberländeralpen, vom Finsteraarhorn bis zur Diablerets, wetteiferten in dem Bestreben, den Glanz des Tages zu erhöhen. Mit vollen, kräftigen Akkorden sollte das Finale der dreitägigen Mathematiker-Symphonie ausklingen.»

Aus dem Bericht über den Ersten Internationalen Mathematiker-Kongress erhält man den Eindruck, dass der gesellschaftliche Teil einen grossen, vielleicht ungebührlich grossen Raum einnahm. Dies hatte Minkowski offenbar bereits bei der Vorbereitung des Kongresses befürchtet, als er am 31. Januar 1897 in einem Brief an Hilbert die Bemerkung einflocht: «Zum Congress sind schon die Programme für Ausflüge etc. entworfen, das Wissenschaftliche kommt auch hier wieder zuletzt.»[5]

Internationaler Mathematiker-Kongress 1932

Auch für die Geschichte der Internationalen Mathematiker-Kongresse bildet der Erste Weltkrieg eine tiefe Zäsur. Als wäre der Kriegsschäden nicht genug gewesen, setzten die aufgestachelten Emotionen nach Kriegsende das Zerstörungswerk fort. So wurde von den Franzosen im nun französisch gewordenen Strassburg mit zweifelhafter Legitimation 1920 ein Internationaler Mathematiker-Kongress durchgeführt, an dem teilzunehmen den deutschen Mathematikern verwehrt wurde. Auch zum darauffolgenden Kongress, der 1924 in Toronto stattfand, wurden die deutschen Mathematiker nicht zugelassen. Erst für Bologna 1928 konnte man sich wieder dazu durchringen, die volle Internationalität anzustreben. Dass dieser Richtungswechsel nicht mit letzter Klarheit vollzogen wurde, verärgerte nun wiederum einen Teil der deutschen Mathematiker, zu deren Wortführer sich Ludwig Bieberbach machte. Bieberbach setzte sich vehement dafür ein, dass den an deutschen Schulen tätigen Mathematikern die Teilnahme am Kongress in Bologna verboten werde. Hilbert wandte sich gegen diese Einstellung. Schliesslich nahm trotz dieses mit scharfen Worten ausgetragenen Meinungskampfes eine Gruppe von rund 60 deutschen Mathematikern am Kongress teil.

Man legte nach diesen Erfahrungen grossen Wert darauf, für den nun folgenden Kongress 1932 einen Ort auszuwählen, der Gewähr für eine völlig neutrale Behandlung der verschiedenen Länder und damit für die volle Internationalität bieten konnte. So kamen während des Kongresses in Bologna von verschiedenen Seiten Anfragen an die schweizerische Delegation, ob die Schweiz die Organisation übernehmen könne. In der Schlusssitzung des Bologneser Kongresses, die am 10. September 1928 im Palazzo Vecchio in Florenz stattfand, erklärte R. Fueter schliesslich im Namen der schweizerischen Delegation und unter Vorbehalt der Zustimmung der Schweizer Behörden, dass Zürich bereit sei, den Kongress 1932 zu organisieren.[1]

Das Zürcher Komitee konstituierte sich am 11. Februar 1930 in Anwesenheit der Mathematiker der ETH und der Universität. Rudolf Fueter wurde zum Präsidenten gewählt. Man legte Wert darauf, diese Wahl durch die Schweizerische Mathematische Gesellschaft bestätigen zu lassen. Auch für die Ergänzung des Organisationskomitees durch weitere Mathematiker aus der Schweiz holte man deren Einverständnis ein. Als Vizepräsidenten amteten Henri Fehr (Genf) und Michel Plancherel (ETH Zürich); beide waren vorher schon Präsidenten der Schweizerischen Mathematischen Gesellschaft gewesen. Unter den Mitgliedern befanden sich Vertreter fast aller Hochschulen der Schweiz. Im November 1931 versandte man die über 6000 Einladungen zum Kongress und im März 1932 das definitive Programm.

Der Kongress wurde am Montag, den 5. September 1932 im Auditorium Maximum der ETH durch den Präsidenten des Organisationskomitees, Rudolf Fueter, eröffnet. Anwesend war unter anderen, trotz seiner fast 90 Jahre, C.F. Geiser, der Präsident des ersten Internationalen Mathematiker-Kongresses von 1897. Seit damals hatte die Zahl der Teilnehmer stark zugenommen, auch wenn die von Bologna nicht mehr erreicht wurde: Statt der damals 240 hatte man jetzt 850 Teilnehmer. Die Zahl der vertretenen Länder stieg von 16 auf 41, aus fünf Sektionen waren nun acht geworden, und man verhandelte in vier statt nur in zwei Sprachen. Fueter stellte in seiner Eröffnungsrede fest: «Der Kongress soll in erster Linie der persönlichen Aussprache, dem persönlichen Sichkennen- und Verstehenlernen dienen. Dieser persönliche Kontakt baut sich auf der allen Mathematikern gemeinsamen Liebe zur Wahrheit und zur wissenschaftlichen Erkenntnis auf. Kein Unterschied der Rasse oder der sozialen Schichtung kann verhindern, dass der Mathematiker voll und ganz, ja mit Leidenschaft jedem neuen fruchtbaren Gedanken zujubelt und ihn anerkennt. In dieser Hinsicht ist unsere Wissenschaft eminent humanitär, und damit klassen- und völkerverbindend.» Nach der leidvollen Geschichte, die Europa in der Zwischenzeit durchlebt hatte, und auch in Anbetracht der Turbulenzen um die Mathematiker-Kongresse war dieser Appell nur allzu gerechtfertigt.

Anschliessend wurde das Internationale Kongresskomitee gewählt. Zum Präsidenten wurde Fueter ernannt; elf weitere Persönlichkeiten wurden zu Vizepräsidenten gewählt, nämlich A. Guldberg, J. Hadamard, D. Hilbert, N.M. Kryloff, S. Pincherle, T. Tagaki, Ch. de la Vallée-Poussin, O. Veblen, W. Wirtinger, H.W. Young, S. Zaremba. Als Sekretäre bestimmte die Versammlung die Herren F. Gonseth (ETH Zürich) und A. Speiser (Universität Zürich).

Den Eröffnungszeremonien schloss sich als erster der «Grossen Vorträge» derjenige von R. Fueter an; er sprach über «Idealtheorie und Funktionentheorie». Die Reihe dieser Vorträge wurde an den folgenden Tagen, jeweils morgens, fortgesetzt durch C. Carathéodory, G. Julia, N. Tschebotaröw, W. Pauli, T. Carleman, E. Cartan, L. Bieberbach, Emmy Noether, M. Morse, H. Bohr, F. Severi, R. Nevanlinna, J.W. Alexander, R. Wavre, F. Riesz, G. Valiron, W. Sierpiński, S. Bernstein, K. Menger, J. Stenzel.

Am Abend des ersten Tages wurde zu Ehren des Internationalen Mathematiker-Kongresses in der Tonhalle' Zürich ein Festkonzert unter der Leitung von Volkmar Andreae gegeben mit Werken von Othmar Schoeck, Arthur Honegger und Ludwig van Beethoven.

Neben den «Grossen Vorträgen» fanden an den darauf folgenden Tagen, jeweils nachmittags, in Auditorien der Universität Zürich Sektionsvorträge statt, und zwar in den Sektionen I. Algebra und Zahlentheorie, II. Analysis, III. Geometrie, IV. Wahrscheinlichkeitsrechnung, Versicherungsmathematik und Statistik, V. Mathematisch-Technische Wissenschaften und Astronomie, VI. Mechanik und Mathematische Physik, VII. Philosophie und Geschichte, VIII. Pädagogik. Eine Ausnahme bildete der Dienstagnachmittag, an dem eine Seefahrt nach der Insel Ufenau und der Halbinsel Au und anschliessend nach Rapperswil organisiert wurde. Sie fand bei prachtvollem Wetter statt.

Das wissenschaftliche Programm des Kongresses wurde auch am Donnerstag unterbrochen, und zwar zu Gunsten einer Exkursion: Die Kongressteilnehmer sollten Gelegenheit erhalten, die landschaftlichen Schönheiten der Schweiz kennen zu lernen. Dabei konnten sie unter vier Möglichkeiten wählen, nämlich Klausenpass, Rigi, Pilatus, Vierwaldstättersee.

Am Samstagabend fand der offizielle Festakt im Stadttheater Zürich statt, wo der Vorsteher des Eidgenössischen Departementes des Innern, Bundesrat Meyer, die Kongressteilnehmer begrüsste. Eine Reihe weiterer Reden schloss sich an: Es sprachen unter anderen, jeder in seiner Muttersprache, R. Fueter als Präsident des Kongresses, M. Plancherel als Rektor der ETH, F. Fleiner als Rektor der Universität, O. Veblen als Präsident der amerikanischen Delegation, H. Weyl als Präsident und Delegierter der Deutschen Mathematiker Vereinigung, E. Cartan als Delegierter der französischen Regierung und F. Severi als Präsident der italienischen Delegation. Eine Stelle aus der Rede von Plancherel sei hier zitiert, weil sie sich auf die Zukunft und auf den nächsten Internationalen Mathematiker-Kongress in Zürich bezieht. Plancherel sagte am Schluss seiner Rede: «Entre les deux congrès de Zurich la guerre a passé, semant la haine, accumulant les ruines, asservissant la science à son oeuvre de destruction. Dans quelques dizaines d'années Zurich recevra peut-être pour la troisième fois l'élite des géomètres du monde entier. Je souhaite que mon successeur, à cette place, n'ait plus a évoquer ce spectre, mais qu'il puisse rendre à notre génération de mathématiciens le témoignage qu'elle a apporté, elle aussi, sa pierre à la construction de la science et sa bonne volonté à l'oeuvre de loyale collaboration et d'intelligente compréhension des peuples.» Ahnte er, in wie naher Zukunft die nächste weltgeschichtliche Katastrophe lag? Der Abend setzte sich nach diesen verschiedenen Reden und nach einem Buffet fort mit einem Unterhaltungsprogramm, wobei zur Freude der Teilnehmer auch zum Tanz aufgespielt wurde.

Erst gegen Ende des Kongresses, nämlich am Sonntag, fand die offizielle Begrüssung der Kongressteilnehmer durch die Behörden der Stadt Zürich statt. Man hatte dafür einen durchaus angemessenen Ort ausgesucht, das Grand Hotel Dolder. Wollte man damit die späte zeitliche Einordnung dieser Veranstaltung kompensieren? Die Ansprache von E. Klöti, Stadtpräsident von Zürich, scheint ein gewisses Erklärungsbedürfnis durchschimmern zu lassen:

«Die Mathematiker sind ja überall so geachtete Wissenschafter und so harmlose Menschen, dass wir uns gar nicht vorstellen können, dass sie nicht überall willkommen wären. So haben wir uns denn auch [...] gefreut, eine so illustre internationale Gelehrtenversammlung [...] in unserer kleinen Stadt beherbergen zu dürfen.

Ich bitte Sie also, den späten, aber nicht minder aufrichtigen Willkommgruss der Behörden und der Bevölkerung unserer Stadt entgegenzunehmen, und hoffe, dass es Ihnen in der verflossenen Woche vergönnt gewesen sei, in Zürich nicht nur nützliche, sondern auch schöne Tage zu verleben. Unsere Stadt hat sich bemüht, sich den verehrten Gästen in schönem September-Sonnenglanze zu zeigen, so dass wir hoffen dürfen, es sei ihr gelungen, Ihnen nicht nur durch ihre hohen Preise, sondern auch durch ihre landschaftliche Schönheit Respekt einzuflössen.»

Die Teilnehmer am Internationalen Mathematiker-Kongress 1932, photographiert vor dem westlichen Eingang des Kollegiengebäudes der Universität.

ZÜRICH
1932.

Am darauffolgenden Montag kamen die Kongressteilnehmer zur Schlusssitzung zusammen. Nachdem Fueter schon früher den Kongress über die Stiftung des kurz vorher verstorbenen J.C. Fields informiert hatte, nahmen die Teilnehmer dieses Angebot nun offiziell an: «Der Internationale Mathematiker-Kongress in Zürich nimmt das Angebot des verstorbenen Professors Fields, alle vier Jahre durch den Internationalen Mathematikerkongress zwei goldene Medaillen an zwei Mathematiker zu erteilen, mit bestem Dank an.» Für die Auswahl der Preisgewinner wurde gleichzeitig ein spezielles Komitee bestellt: «Das Kongresskomitee wählt in Ausführung des Field'schen Memorandums ein kleines Komitee, bestehend aus den Herren Birkhoff, Carathéodory, Cartan, Severi, Tagaki. Das Komitee ist ermächtigt, im Falle einzelne Mitglieder die Wahl nicht annehmen oder andere Bedürfnisse vorliegen, sich selbst zu komplettieren.»

Viele Staaten befanden sich zur Zeit des Zürcher Kongresses in einer schwierigen wirtschaftlichen und politischen Lage. Nach dem Börsenkrach im Oktober 1929 stand die Welt in einer schweren Wirtschaftskrise, welche die Arbeitslosenzahlen in ungeahnte Höhen trieb und breite Bevölkerungsschichten in tiefes Elend stürzte. In einigen Ländern versuchte man mit einer harten Deflationspolitik der Lage Herr zu werden. In Deutschland z.B. kürzte man wiederholt massiv die Gehälter der Staatsangestellten, zu denen auch die Professoren gehörten. Reisen ins Ausland wurden dabei noch zusätzlich durch Devisenrestriktionen erschwert. Dass trotz dieser Schwierigkeiten, die ähnlich auch in anderen Ländern bestanden, die Zahl der Teilnehmer am Kongress in Zürich so gross war, muss als Zeichen dafür gewertet werden, dass sich die Mathematiker mehr und mehr als internationale Gemeinschaft aufzufassen begannen, was ja auch in einigen der Kongress-Reden ausgesprochen wurde. Vor allem die politischen Probleme waren zweifellos bei den Kongressen unmittelbar vor und nach 1932 ungleich grösser. Diese Tatsache hat vielleicht mitgeholfen, die Erinnerung an den Zürcher Kongress etwas zu verklären. Unbestritten ist jedenfalls, dass er den ungeteilten Beifall der Teilnehmer gefunden hat. Dafür steht das Zeugnis von André Weil nicht als einziges da: «Zurich est resté dans ma mémoire comme le plus beau de tous les congrès.»[2]

Ostansicht des 1914 fertiggestellten Kollegiengebäudes der Universität, in welchem bis 1969 das Mathematische Institut untergebracht war.

Westansicht des Kollegiengebäudes der Universität.

F. Philosophische Fakultät II.

1. Mathematik und Astronomie.

369. Analytische Geometrie der Ebene und des Raumes
mit Übungen. Mo. 9—10 u. 2—3 Di. Sa. 9—10.
Prof. **R. Fueter.**

370. Übungen zur mathematischen Behandlung der Naturwissenschaften, II. Teil. Mo. 2—3. Prof. **R. Fueter.**

371. Theorie der elliptischen Modulfunktionen und der
komplexen Multiplikation. Mo. Di. Sa. 10—11. Prof. **R. Fueter.**

372. Ausgewählte Fragen der Elementarmathematik. Fr.
5—6. Prof. **R. Fueter.**

373. Mathematisches Seminar (im Anschluß an die Vorlesungen über Modulfunktionen und Gruppentheorie).
Mo. 3—5. Prof. **R. Fueter**
mit Prof. **Speiser.**

374. Differential- und Integralrechnung. Mo. Di. Do. Fr.
11—12. Prof. **Speiser.**

375. Proseminar: Übungen zur Differential- und Integralrechnung. Mi. 9—10. Prof. **Speiser.**

376. Gruppentheorie. Mo. Di. 9—10 Do. 9—11. Prof. **Speiser.**

377. Die Modelle des mathematischen Seminars. (Für
Hörer aller Fakultäten.) Mi. 5—6. Prof. **Speiser.**

378. Elemente der darstellenden Geometrie mit Übungen.
Mo. Di. Do. 4—5 und eine weitere Stunde noch zu
bestimmen. Kantonsschulprof. **Bützberger.**

379. Darstellende Geometrie II mit Übungen. Di. Mi.
2—4. Prof. **Disteli.**

380. Sphärische Trigonometrie. Fr. 2—4. Prof. **Disteli.**

381. *Geographische Ortsbestimmung. Mo. 8—10 Di. 8—9.
Prof. **Wolfer.**

382. *Übungen im astronomischen Beobachten (in Gruppen).
Di. Mi. Do. abends 8—11. Prof. **Wolfer.**

383. *Theorie und Gebrauch der Mikrometer. Mi. 10—12.
Prof. **Wolfer.**

384. *Bau und Bewegungen der Gestirnwelt. (Für Hörer
aller Fakultäten.) Mo. abend 8—9. Prof. **Wolfer.**

Aus dem Vorlesungsprogramm der Philosophischen Fakultät II der Universität für
das Sommersemester 1921.

Jakob Amsler (1823–1912)

Georg Joseph Sidler (1831–1907)

Arnold Meyer-Kaiser (1844–1896)

Heinrich Burkhardt (1861–1914)

Erhard Schmidt (1874–1959)

Ernst Zermelo (1871–1953)

Karl Rudolf Fueter (1880–1950)

Andreas Speiser (1885–1970)

Martin Disteli (1862–1923)

Eugenio Giuseppe Togliatti (1890–1977)

Paul Finsler (1894–1970)

Max Gut (1898–1988)

Johann Jakob Burckhardt, geboren 1903

Lars Ahlfors, geboren 1907

Rolf Hermann Nevanlinna (1895–1980)

Bartel Leendert van der Waerden
geboren 1903

Die Mathematiker an der Universität Zürich

1 Anfänge, 1833 bis 1855

Die Universität Zürich ist 1833 aus dem sogenannten Carolinum hervorgegangen, einer vom Reformator Ulrich Zwingli im Jahre 1523 geschaffenen theologischen Akademie, die ihrerseits auf eine noch ältere zum Grossmünster gehörige Domherrenschule zurückgeht. Das Carolinum war mit fünf Lehrstühlen dotiert, wobei der Inhaber des fünften, des Lehrstuhles für Physik, neben dem Unterricht der Naturwissenschaften auch für die Mathematik verantwortlich war. Dieser Lehrstuhl war durch eine Reihe bedeutender Naturwissenschafter vertreten gewesen. Dazu gehörten der bekannte Arzt und Naturforscher Konrad Gessner (1516–1565), sein Schüler Josias Simmler (1530–1576), Johann Jakob Scheuchzer (1672–1733), sein Schüler Johannes Gessner (1709–1790) und Johann Kaspar Horner (1774–1834). Letzterer kann als erster eigentlicher Mathematiker bezeichnet werden. Er hatte in Göttingen bei Kästner, Lichtenberg, Blumenbach und Seiffert Mathematik und Astronomie studiert und dann in Jena 1799 den Doktortitel erworben. Für die Entwicklung der Mathematik in Zürich war Horner von grösster Bedeutung, insbesondere durch seinen Einfluss als Mitglied des Erziehungsrates und des kleinen Rates auf die Neugestaltung des zürcherischen Unterrichtswesens. Mit den Berufungen von Eschmann, Graeffe, Mousson und Raabe an die 1833 neu gegründete Kantonsschule (Gymnasium) hat er den Grundstein für die spätere Entfaltung der Mathematik an der Universität gelegt.

Am 1. Mai 1833 öffnete die Universität im sogenannten Hinteramt bei der Augustinerkirche an der heutigen Bahnhofstrasse ihre Pforten mit 18 Professoren (davon 7 Ordinarien und 11 Extraordinarien), 28 Privatdozenten und 159 Studenten. Sie war im wesentlichen das Werk von Johann Kaspar von Orelli. Nach seinen Plänen sollte sie sich insbesondere an die Vorbilder deutscher Universitäten anlehnen, um die kulturelle Bindung an Deutschland zu wahren. Vier Fakultäten waren vorgesehen, eine theologische, eine juristische, eine medizinische und eine philosophische. Um der Hochschule erstrangige Wissenschafter zu sichern, sollten die geplanten Ordinariate und Extraordinariate auch Ausländern offenstehen. Politische Schwierigkeiten in den benachbarten deutschen Staaten, insbesondere in Bayern und Preussen, hatten es denn auch ermöglicht, ausgezeichnete ausländische Lehrkräfte an die neue Hochschule zu ziehen. So waren die ersten ordentlichen Professoren allesamt Deutsche. Nur drei Lehrkräfte des alten Carolinums wurden als ausserordentliche Professoren an die neue Universität berufen. Die anderen traten ins 1833 neugeschaffene Gymnasium über, darunter auch der Mathematiker Hofrat Horner[1].

Neben dem Gymnasium, das in erster Linie der Pflege der humanistischen Studien dienen sollte, wurde aus dem schon 1826 gegründeten «Technischen Institut» auch die sogenannte Industrieschule neu geschaffen, aus der sich später die kantonale Oberrealschule entwickelte. Ihr oblag hauptsächlich der Unterricht der mathematisch-naturwissenschaftlichen Fächer und die Vorbereitung auf das Hochschulstudium in diesen Gebieten.

Die philosophische Fakultät konnte einen der berühmtesten Dozenten der Anfangszeit der Universität für sich gewinnen, den Naturphilosophen Laurenz Oken, der gleichzeitig als erster Rektor amtete. Oken war der einzige Ordinarius des mathematisch-naturwissenschaftlichen Zweiges der Fakultät. Die Mathematik war bis 1837 nur durch Privatdozenten vertreten, die sich aber durch ihren wissenschaftlichen Ruf auszeichneten. Es waren dies Johannes Eschmann, Carl Heinrich Graeffe und Joseph Ludwig Raabe.

Johannes Eschmann (1808–1852) von Wädenswil hatte erste Anregungen für Mathematik und Astronomie bei Hofrat Horner in Zürich erhalten. 1827 wandte er sich nach Paris, wo er während zweier Jahre neben Mathematik und Naturwissenschaften auch Musik studierte. Dann bildete er sich in Wien bei J.J. von Littrow in Astronomie und Geodäsie weiter und arbeitete sich dank seiner dort gemachten Bekanntschaft mit Raabe tiefer in die Analysis ein. 1832 kehrte er nach Zürich zurück, wohin er auch Raabe mitbrachte, und im Frühjahr 1833 wurde er Privatdozent an der Universität. Schon bald aber stellte er seine Kraft ganz in den Dienst der Landesvermessung und der Erstellung der sogenannten Dufour-Karte.

Carl Heinrich Graeffe (1799–1873) muss als der eigentliche Begründer der mathematischen Tradition Zürichs angesehen werden. Er wurde in Braunschweig als Sohn eines Juweliers geboren. Nach einer Juwelierlehre unterstützte er Mutter und Geschwister bei der Weiterführung des väterlichen Geschäfts, nachdem sein Vater nach Amerika ausgewandert war. Abends erarbeitete er sich mit der Hilfe eines Jugendfreundes, der das Collegium Carolinum in Braunschweig besuchte, Kenntnisse in Mathematik, bis es ihm im Jahre 1821 gelang, selbst als Freischüler in dieses hervorragende Institut einzutreten. Seine dortigen Lehrer äusserten sich ausserordentlich lobend über ihn. So bezeugte sein Mathematiklehrer Ludwig Hellwig: «Erst im gereiften Alter fing Herr Gräffe an die Mathematik zu studieren, dazu benutzte er das hiesige Collegium Carolinum, wodurch ich einen Zuhörer erhielt, von dem ich mir die schönsten Hoffnungen machte, die auch zu meiner Freude bald in Erfüllung gingen. Mehr seinen eminenten Naturanlagen, seinem Eifer und Fleisse, als meinem Unterrichte, hat er es zu verdanken, dass er sehr schnelle, grosse Fortschritte machte, und Eulers und anderer grosser Mathematiker Schriften ohne meine besondere Mitwirkung benutzen konnte.» [2] 1824 immatrikulierte sich Graeffe an der Universität Göttingen. Dort promovierte er 1825. Graeffe begann 1828 mit seinem Unterricht in Zürich am Technischen Institut, der Vorläuferinstitution der Industrieschule. 1833 wurde er bei der Reorganisation der kantonalen Lehranstalten an die Obere Industrieschule gewählt und gleichzeitig als Privatdozent an die Zürcher Universität verpflichtet. 1860 erfolgte seine Ernennung zum ausserordentlichen Professor der Universität, allerdings «ohne Aussetzung eines Gehaltes» [3]. Von Graeffe stammt eine nach ihm benannte Methode zur schrittweisen numerischen Auflösung einer algebraischen Gleichung.

Joseph Ludwig Raabe (1801–1859) wurde im galizischen (heute ukrainischen) Brody in der Nähe von Lemberg geboren. Er stammte aus ärmlichen Verhältnissen und musste seinen Lebensunterhalt schon früh mit Privatstunden selbst verdienen. Auf Anraten seiner Realschullehrer, welche Raabes mathematische Fähigkeiten erkannt hatten, begab er sich 1820 nach Wien. An der dortigen Polytechnischen Anstalt wurde er vom Astronomen J.J. von Littrow gefördert und von diesem zu Arbeiten in Crelles Journal angeregt. Insgesamt hat Raabe im Laufe der Jahre 37 Arbeiten in dieser mathematischen Zeitschrift veröffentlicht.[4] Als im Herbst 1831 in Wien die Cholera wütete, folgte er einer Einladung seines Freundes Johannes Eschmann nach Zürich.

Gleichzeitig mit der Wahl an das Obere Gymnasium wurde Raabe Privatdozent an der Universität. Von 1834 an hat Raabe regelmässig die Vorlesung «Differenzial- und Integralrechnung» gehalten, aus der dann das dreibändige Lehrbuch mit dem gleichen Titel hervorgegangen ist.[5] Darin befindet sich auch das sogenannte Kriterium von Raabe über die absolute Konvergenz einer unendlichen Reihe mit positiven Gliedern.[6] Die Stelle am Gymnasium gab Raabe 1855 auf, als er gleichzeitig an der Universität und am Eidgenössischen Polytechnikum zum Ordinarius ernannt wurde.

Die Mathematik erhielt ihre erste eigene Vollprofessur erst mit der Berufung von Anton Müller im Jahre 1837. Dieses dritte Ordinariat der philosophischen Fakultät war im September zuvor bewilligt worden. Trotz der vielen eingegangenen Anmeldungen zog der Erziehungsrat drei Kandidaten in die engere Wahl, die sich nicht selbst beworben hatten, nämlich Moritz Abraham Stern (1807–1883), Privatdozent in Göttingen, Ferdinand Minding (1806–1885), Privatdozent in Berlin, und Anton Müller, Privatdozent in Heidelberg. Alle drei hatten damals bereits mehrere Arbeiten in dem von Crelle 1825 gegründeten Journal für die reine und angewandte Mathematik veröffentlicht, und man darf wohl annehmen, dass sie deswegen von Hofrat Horner vorgeschlagen wurden. Jedenfalls wurden Raabe und Graeffe vom Erziehungsrat um ein gemeinsames Gutachten gebeten. Darin bezeichneten diese die drei Kandidaten als etwa gleichwertig. Berufen wurde dann, vielleicht wegen seiner geometrischen Neigungen, Anton Müller, der zweifellos am wenigsten bedeutende unter den dreien. Diese Ernennung rief allgemeine Entrüstung hervor, zumal unter den Schülern von Raabe. Dass damals die beiden Zürcher Privatdozenten, die dem Gewählten weit überlegen waren, übergangen wurden, hat sich denn auch sehr ungünstig ausgewirkt und zur Folge gehabt, dass die Mathematik an der Universität sich nur langsam entfalten konnte, im Gegensatz etwa zum Eidgenössischen Polytechnikum.

> Anton Müller (1799–1860) von Seckenheim bei Heidelberg hatte in Heidelberg studiert, wo er nach seiner Habilitation auch als Universitätsbibliothekar tätig war. Er vertrat eine wenig originelle, formalistisch-kombinatorische Schule alten Stils. Einige seiner Arbeiten sind in Crelles Journal erschienen, etwa über die Auflösung von algebraischen Gleichungen von höherem Grad, über die Theorie der Fakultäten und über symmetrische Funktionen. Müllers Vorlesungen wirkten offenbar nicht sehr anregend und waren aus diesem Grund nur schlecht besucht.[7]

Zu den weiteren in jener Zeit an der Universität tätigen Privatdozenten gehörten Jakob Amsler, Johann Caspar Hug (1821–1884) und Georg Joseph Sidler.

> Jakob Amsler (1823–1912) hatte zuerst in Jena theologische Studien betrieben und diese dann in Königsberg fortgesetzt, wo er aber vor allem mathematische Vorlesungen hörte. Nach der Promotion wurde er 1849 Privatdozent an der Universität Zürich. Bereits im Jahr 1851 nahm Amsler eine Lehrstelle für Mathematik am Gymnasium in Schaffhausen an und wandte sich von da an mehr der praktischen Seite der Mathematik zu. 1854 erfand er das Polarplanimeter, welches es erlaubt, durch einfaches Umfahren eines Gebietes der Ebene dessen Inhalt und sogar dessen statisches Moment und Trägheitsmoment zu bestimmen. Im Anschluss daran hat Amsler eine ganze Reihe von mathematischen Geräten, Integratoren und harmonischen Analysatoren entwickelt. Diese Erfindungen wusste er auch praktisch in einer 1854 eröffneten Werkstatt zu nutzen, die sich so günstig entwickelte, dass er 1857 seine Lehrstelle am Gymnasium aufgeben konnte.
>
> Georg Joseph Sidler (1831–1907) hatte in Zürich und darauf in Paris studiert. 1854 promovierte er an der Universität Zürich mit einer Arbeit zur Himmelsmechanik. Nach weiteren

Studien in Berlin habilitierte er sich 1856 an der Universität Zürich. 1857 wurde er Privatdozent für Mathematik und Astronomie an der Universität Bern und 1880 Extraordinarius. Von dieser Stellung trat er 1898 zurück.

2 Beziehungen zum Polytechnikum, 1855 bis 1876

1855 nahm in Zürich das Eidgenössische Polytechnikum seinen Betrieb auf. Die beschränkten finanziellen Mittel zwangen die beiden benachbarten Hochschulen in den ersten Jahren zu einer engen Verbindung. Dies war auch wegen der niedrigen Studentenzahlen durchaus angezeigt. Nach einer Vereinbarung zwischen dem ersten eidgenössischen Schulratspräsidenten Johann Conrad Kern und dem Zürcher Erziehungsdirektor Alfred Escher, der gleichzeitig Vizepräsident des Schulrates war, erlaubte man den Studierenden der Mathematik und der Naturwissenschaften an beiden Hochschulen den Besuch von Lehrveranstaltungen der anderen Institution. Als Raabe und Mousson von der Kantonsschule als ordentliche Professoren an das Polytechnikum übertraten, wurden ihre Extraordinariate an der Universität in Ordinariate umgewandelt. Beide hatten somit gleichzeitig Professuren an beiden Hochschulen inne. Viele Vorlesungen fanden ferner gemeinsam für Universität und Polytechnikum statt, was durch den Tatbestand begünstigt wurde, dass die neue Schule in den Räumlichkeiten der alten Universität und an der Kantonsschule Gastrecht genoss. 1864 konnte das Polytechnikum das neue von Semper im Auftrage des Kantons erstellte Gebäude beziehen. In dessen Südflügel wurde die Universität untergebracht. In den folgenden Jahren lockerten sich die Beziehungen zwischen den beiden Hochschulen dann allerdings. Das geschah insbesondere auf Betreiben des Schulratspräsidenten Karl Kappeler, der auf 1863 einen neuen Einschreibemodus ausarbeiten liess. In der Mathematik trat dies auch durch die Schaffung der «Abteilung für Bildung von Fachlehrern in mathematischer und naturwissenschaftlicher Richtung» am Polytechnikum im Jahre 1866 zutage. An der Universität war bereits vier Jahre vorher die philosophische Fakultät in die beiden Sektionen I (Geisteswissenschaften, d.h. Philosophie, Philologie und Geschichte) und II (Naturwissenschaften und Mathematik) aufgeteilt worden.

Hatte einerseits das Polytechnikum 1855 davon profitiert, dass es verschiedene Professoren der Universität, wie etwa Raabe und Mousson, auch in den eigenen Lehrkörper integrieren konnte, so zog andererseits die Universität Nutzen aus Berufungen, die in erster Linie vom Polytechnikum ausgegangen waren. Dazu gehören die des Mathematikers Joseph von Deschwanden (1855), des Astronomen Rudolf Wolf (1855) und des Physikers Rudolf Clausius (1857). Sowohl Wolf wie Clausius nahmen in den folgenden Jahren auch auf den mathematischen Unterricht Einfluss.

Joseph Wolfgang Aloys von Deschwanden (1819–1866), den Alfred Escher schon bei der Gründung des Eidgenössischen Polytechnikums als Berater zugezogen hatte, wurde 1855 zum Professor für Darstellende und Praktische Geometrie an diesem Institut ernannt. Diese Funktion übernahm er gleichzeitig als Extraordinarius an der Universität. Zudem wurde er erster Direktor des Eidgenössischen Polytechnikums. Nach Studien in St. Gallen hatte der aus Stans stammende von Deschwanden die Obere Industrieschule in Zürich besucht. Vor seinem Wechsel ans Eidgenössische Polytechnikum war er dort Direktor. Es ist vor allem seinem Einfluss zuzuschreiben, dass an der Universität im Bereiche der Mathematik die Darstellende Geometrie einen so hohen Stellenwert einnahm. Deschwanden starb bereits 1866 an Lungentuberkulose.

Johann Rudolf Wolf (1816–1893) hatte 1855 die Nachfolge von Raabe am Oberen Gymnasium übernommen und gleichzeitig ein Extraordinariat für Astronomie an der Universität und am Polytechnikum erhalten. Mit seiner systematischen Überwachung der Sonnenfleckentätigkeit hat Wolf nicht nur deren Zusammenhang mit dem Erdmagnetismus entdeckt, sondern er hat überhaupt mit der Einführung der sogenannten Zürcher Sonnenfleckenrelativzahlen im Jahre 1850 die Tradition der Zürcher Sonnenforschung begründet. Ein wichtiges Ergebnis, das Wolf aus den Relativzahlen gewinnen konnte, war die genaue Bestimmung des Aktivitätsrhythmus der Sonne.

Rudolf Clausius (1822–1888), der 1855 auf Empfehlung des Schweizer Mathematikers Jakob Steiner als Professor für Physik von Berlin an das Polytechnikum berufen worden war, hat zwei Jahre später an der Universität das neugeschaffene Ordinariat für Mathematische Physik übernommen. Clausius ist vor allem durch seine grundlegenden Arbeiten zur Thermodynamik bekannt geworden. 1867 ging Clausius nach Würzburg und zwei Jahre später nach Bonn. An der Universität hat er sich, insbesondere als dort nach dem Tode von Raabe im Januar 1859 für längere Zeit keine bedeutende mathematische Lehrkraft mehr tätig war, sehr dafür eingesetzt, die Anforderungen in der Mathematik anzuheben.

Als im Jahre 1858 Raabe wegen schwerer Krankheit seine Vorlesungen nicht mehr halten konnte, hat Karl Heinrich Durège (1821–1893) von Danzig an beiden Hochschulen seine Privatdozententätigkeit begonnen. Mit Durège kam ein etwas frischerer Zug in den Zürcher Hochschulbetrieb. Er hielt ziemlich regelmässig Vorlesungen über Themen der komplexen Funktionentheorie. Daraus sind seine Bücher «Theorie der elliptischen Funktionen» und «Elemente der Theorie der Funktionen einer komplexen veränderlichen Grösse, mit besonderer Berücksichtigung der Schöpfungen Riemanns» entstanden. Für seine Verdienste erhielt er 1862 den Titel eines Professors, aber schon zwei Jahre später wurde er von Zürich weg nach Prag an die Technische Hochschule und an die deutsche Universität berufen.

Ein Jahr nach dem Tode von Raabe starb auch der zweite Ordinarius für Mathematik, Anton Müller. Darauf wurde endlich Heinrich Graeffe im Herbst 1860 zum zweiten ausserordentlichen Professor neben von Deschwanden ernannt. Als von Deschwanden 1866 starb, wurde dessen Extraordinariat vorläufig nicht wiederbesetzt. Die geometrischen Vorlesungen wurden durch die Privatdozenten Wilhelm Denzler und Eugen von Lommel (1837–1899) betreut.

Wilhelm Denzler (1811–1893) von Sulgen war seit 1836 Lehrer am Seminar in Küsnacht. 1866 wurde er Privatdozent an der Universität. Dort übernahm er die Grundvorlesungen über Differential- und Integralrechnung, Elementarmathematik für Lehramtskandidaten und nach dem Tode Deschwandens auch Darstellende Geometrie und Analytische Geometrie.

Nach Graeffes Rücktritt im Jahre 1868 übernahm 1870 August Olivier dessen Stelle als Extraordinarius.

August Olivier (1835–1876) aus München hatte zuerst Chemie am Polytechnikum in Dresden studiert, sich dann aber 1855 bis 1857 in Göttingen unter Dirichlet in Mathematik ausgebildet. 1858 übernahm er die Lehrstelle von Amsler für Höhere Mathematik am Gymnasium in Schaffhausen. Seine dort im Osterprogramm 1868 veröffentlichte Arbeit «Über die konstruktive Lösung geometrischer Aufgaben des dritten und vierten Grades» reichte er in Göttingen als Dissertation ein.

Ein Jahr vor Oliviers frühem Tod im Jahre 1876 ist Denzler zum Extraordinarius befördert worden, allerdings ohne Gehalt. Neben Olivier und Denzler war zu jener Zeit nur noch Privatdozent Hug mit mathematischen Vorlesungen beauftragt. Olivier vertrat zur Hauptsache die Synthetische Geometrie und die Geometrie der Lage, während Denzler sich der Darstellenden Geometrie nebst der Elementarmathematik und der Analytischen Geometrie annahm.

3 Von 1876 bis zum Ersten Weltkrieg

Im Jahre 1880 zählte Zürich 24'450 Einwohner und war damit immer noch eine kleine Stadt. Entsprechend klein war auch die Universität. Im Jubeljahr 1883 zählte sie nur 436 immatrikulierte Studierende, nicht einmal dreimal mehr als in ihrem Anfangsjahr. Diese wurden von 37 Ordinarien, 11 Extraordinarien und 43 Privatdozenten betreut.

Im September 1876, fünf Monate nach dem Tod von Olivier, berief die Universität für das Gebiet der Mathematik endlich wieder einen Ordinarius. Erstmals konnte diese Stelle sogar an einen Wissenschafter schweizerischer Herkunft vergeben werden, nämlich an Arnold Meyer-Kaiser. Meyer machte zur Bedingung, die Zahl der Wochenstunden auf 12 bis 14 zu beschränken und ihn von den Vorlesungen über Darstellende Geometrie und Mathematische Methodik zu befreien. Seine Interessen galten ganz der Zahlentheorie, womit dieses Gebiet erstmals an der Universität prominent vertreten war. Seine Lehrtätigkeit nahm er im Sommersemester 1877 auf.

Arnold Meyer (1844–1896) war der Sohn eines Sekundarlehrers in Andelfingen (Kanton Zürich). Nach dem Besuch der Industrieschule in Zürich erwarb er sich am Polytechnikum an der Abteilung für Fachlehrer in Mathematik und Naturwissenschaften das Diplom. 1866 begab er sich für weiterführende Studien nach Berlin und ein Jahr später nach Paris. Nach einem kurzen Aufenthalt in England promovierte er 1871 bei Ludwig Schläfli in Bern. Noch im gleichen Jahre wurde ihm eine Stelle für Mathematik an der Industrieschule in Zürich angeboten. Im Herbst 1872 wurde Meyer Prorektor und ein Jahr später sogar Rektor dieser Schule. 1877 wurde er Ordinarius an der Universität Zürich. Er starb 1896.

In seinen Arbeiten beschäftigte sich Meyer vor allem mit der Theorie quadratischer Formen, insbesondere mit der Äquivalenz, der Darstellungstheorie und der Geschlechtertheorie indefiniter ternärer Formen. Meyer war ein feiner, zurückgezogener Gelehrter, der mehrere Sprachen beherrschte und sich in der Weltliteratur bestens auskannte. Als grosser Naturfreund hat er Naturstudien aller Art mit wissenschaftlicher Genauigkeit betrieben.

Von 1880 bis 1890 war die Mathematik an der Universität nur durch Ordinarius Meyer und Extraordinarius Denzler vertreten, abgesehen von einigen wenigen Kollegien von Weilenmann und von Wolf. Meyer nahm sich der algebraischen, zahlentheoretischen und analytischen Vorlesungen an, Denzler der geometrischen und der didaktischen. Nach dem Rücktritt von Denzler im Jahre 1890 übernahm Adolf Weiler (1851–1916) die Vorlesungen im Fach Geometrie. Weiler, der bei Felix Klein in Göttingen doktoriert hatte, war gleichzeitig auch Privatdozent an der ETH. Er wurde 1899 an der Universität zum Extraordinarius befördert. Den Ideen Jakob Steiners und Felix Kleins folgend, arbeitete er hauptsächlich über neuere Synthetische Geometrie, insbesondere Strahlenkomplexe.

Nach dem Tode von Meyer-Kaiser im Jahre 1896 wurde als Nachfolger Heinrich Burkhardt berufen. Ursprünglich wollte die Universität gemeinsam mit dem Polytechnikum Hermann Minkowski aus Königsberg gewinnen. Minkowski hatte sich auch bereits mit den angebotenen Anstellungsbedingungen einverstanden erklärt, als die Wahlbehörde des Polytechnikums, der Schweizerische Bundesrat, Bedenken gegen eine gemeinsame Professur anmeldete. Schliesslich wurde Minkowski ganz am Polytechnikum angestellt. Somit musste sich die Universität nach einem neuen Kandidaten umsehen. Es sollte eine tüchtige Kraft sein, damit die Universität mit dem Polytechnikum Schritt halten könne. Die Wahl sollte wenn möglich auf einen weitgebildeten Analytiker fallen, denn die Analysis galt als Hauptforschungsgebiet des 19. Jahrhunderts. Auch sollte die Professur von Elementarvorlesungen mehr als bisher befreit und die Lehrverpflichtung auf 10 bis 12 Wochenstunden gesenkt werden. In Betracht gezogen wurden Stickelberger, Stäckel, Hölder, Burkhardt, Study, Heffter, Hensel, Schlesinger und Schönflies. Der Ruf ging dann aber, trotz eines abfälligen Urteils von Frobenius, zuerst an den Finnländer Hjärmän Tallqvist, Dozent für Mathematik und Mechanik an Polytechnikum und Universität Helsingfors. Dieser lehnte aber ab. Darauf wurde mit Ludwig Stickelberger (1850–1936) Verbindung aufgenommen, der zur Zeit des Ordinariats von Frobenius Privatdozent am Eidgenössischen Polytechnikum gewesen war und seit 1894 einen Lehrstuhl in Freiburg im Breisgau innehatte. Von ihm sagte Frobenius in seinem Gutachten: «Er [Stickelberger] steckt uns [d.h. die damaligen Mathematiker am Polytechnikum] was Wissen betrifft, alle in den Sack. In Zürich war er ehemals kein guter Dozent, hat sich aber unterdessen günstig entwickelt.»[1] Stickelberger lehnte aber mit der bitteren Bemerkung ab: «Ich habe zu lange um einen Hungerlohn gedient, um jetzt, wo ich etwas günstiger stehe, mich ohne Noth zu verschlechtern.» Da unterdessen Hölder die Nachfolge von Minkowski in Königsberg und Stäckel einen Ruf als Extraordinarius nach Kiel angenommen hatte, blieben somit nur noch Hensel, Burkhardt, Study und Heffter.

Über Hensel berichtete die Erziehungsdirektion am 14. Dezember 1896 an den Regierungsrat: «Von den nicht versorgten jüngeren Mathematikern wird von Frobenius und von den hiesigen Mathematikern und nach den Versicherungen von Frobenius auch von Weierstrass am meisten in den Vordergrund gerückt: Kurt Hensel, geb. 1862, der von der Berliner Akademie mit der Herausgabe von Kroneckers Werken betraut wurde, mit Helmholtz zusammen Kirchhoff's Optik herausgegeben hat und über dessen wissenschaftliche Lehr-Tätigkeit ein sehr anerkennendes Votum von Frobenius vorliegt, in welchem auch über die Person Hensels nur Rühmliches enthalten ist. Hensel ist selber reich; schwerreich sollen seine Schwiegereltern sein. Es war deshalb wohl motiviert, sich seiner Annahme einer eventuellen Wahl

zu versichern, die denn auch, bei einem Angebote, das sich vor den Schwiegereltern sehen lassen dürfte, von Frobenius und Schwarz zugesichert wird. Hiesige
Mathematiker und Kenner der Verhältnisse (Hurwitz, Geiser etc.) glauben eher
annehmen zu sollen, dass eine Berufung Hensels ‚ein Schlag ins Wasser' wäre,
trotzdem er gerne von Berlin wegginge, weil ihm dort ‚übel mitgespielt' worden
sei. Warum ihm in Berlin ‚übel mitgespielt' wurde, ob etwa aus Gründen, die auch
bei uns ins Gewicht fallen könnten (die vielleicht mit Semitismus oder Antisemi-
tismus zusammenhängen), haben wir nicht zu eruieren vermocht. Es bleibt hier ein
Punkt dunkel, der die meisten Mitglieder der Fakultät vorsichtig und zurückhaltend
gestimmt hat.»

Der Bericht fährt dann fort: «Am unbestrittensten ist neben Hensel empfohlen
Heinrich Burkhardt, Extraordinarius in Göttingen, von dem Frobenius sagt, dass
er ihm von den andern am besten gefalle, der ‚wissenschaftlich ohne Zweifel tüch-
tig' sei. Weber in Strassburg schreibt: ‚Burkhardt und Study (Bonn) waren mir, der
eine in Göttingen, der andere in Marburg, beide sehr liebe Kollegen, die ich wissenschaftlich sehr schätze. Study hat vielleicht mehr selbständige Ideen, während
bei Burkhardt mehr der historisch kritische Sinn entwickelt ist. [...] Dass Study
für Zürich zu gewinnen wäre, glaube ich wohl, da er in Bonn nur ein kleines
Gehalt hat. Burkhardt ist in Göttingen nur Titularprofessor und würde also jedenfalls auch zu gewinnen sein.' Da über Study von Frobenius das Votum vorliegt ‚er
schreibe viel aber nichts Besonderes', welchem von den hiesigen Mathematikern
zugestimmt wird, so setzte sich bei uns immer mehr die Ansicht fest, dass Burkhardt durch seine Gewissenhaftigkeit, seinen Fleiss, sein zurückhaltendes Wesen,
die übereinstimmend hervorgehoben werden von solchen welche Burkhardt *persönlich* kennen, wohl derjenige sein möchte, der am besten unseren Wünschen
entspricht.»

Abschliessend wird dann im Bericht festgehalten: «Wägen wir ab zwischen Hensel
und Burkhardt, so kommen wir zum Schluss, dass beide in wissenschaftlicher
Beziehung genügend Gewähr bieten; wir vermuten aber, dass von beiden der Bayer
sich wohl eher in unsere Verhältnisse finden dürfte, als der prätentiöse Berliner
und dass mehr Aussicht besteht, an ihm eine bleibende Aquisition zu haben [...].»

Heinrich Burkhardt (1861–1914) von Schweinfurt in Bayern war der Sohn eines Bezirks-
gerichtsassessors. Nach dem Besuch des Gymnasiums in Ansbach wurde Burkhardt 1879
am Maximilianeum in München aufgenommen. Er studierte in Berlin, Göttingen und in
München, wo er 1886 mit der Arbeit «Beziehungen zwischen der Invariantentheorie und
der Theorie algebraischer Integrale und ihrer Umkehrungen» promovierte. 1889 habilitierte
sich Burkhardt an der Universität in Göttingen, die ihn fünf Jahre später zum Titularprofessor ernannte.

In Zürich, wo Burkhardt seine Arbeit 1897 aufnahm, hat er im Laufe der folgenden Jahre
die verschiedensten Vorlesungen gehalten, vor allem aus seinem Spezialgebiet, der Funktionentheorie. Nicht wenige davon haben zu einer Reihe von selbständigen lehrbuchartigen
Veröffentlichungen Anlass gegeben. E. Lampe berichtete darüber in der Zeitschrift «Fortschritte der Mathematik»[2], dass die Burkhardtschen Vorlesungen zu den «gelesensten
Büchern über Funktionentheorie bei der studierenden Jugend» gehörten, und weiter
«[...] sie verdienen solche Verbreitung, weil sie einfach und klar abgefasst sind und
dennoch auf einem mässigen Raum eine Fülle tiefen Inhalts bringen». In weiten Kreisen

bekannt wurde Burkhardt durch seine Mitarbeit an der «Encyklopädie der mathematischen Wissenschaften mit Einschluss ihrer Anwendungen», für die er mehrere Beiträge verfasste.

Einen an ihn ergangenen Ruf der Universität Leipzig lehnte Burkhardt ab, den Ruf als Ordinarius an die Technische Hochschule München 1908 nahm er aber an. Dort war ihm aber nur noch eine kurze Lehrtätigkeit beschieden.

Burkhardt verkörperte den stillen, fleissigen Gelehrten, der sich weder den Musen noch der Natur verschloss. Er spielte Klavier und war ein Verehrer der Musik von Wagner. Die Zeit in der Schweiz gab ihm die Gelegenheit, sie auf langen Fusswanderungen zu durchstreifen und sogar den Urirotstock und den Ortler im Südtirol zu besteigen.

Der Tatsache, dass Burkhardt seine Lehrtätigkeit erst im Sommer 1897 in Zürich aufnahm, ist es wohl zuzuschreiben, dass die Initiative und Organisation des ersten Internationalen Mathematiker-Kongresses vom 9. bis zum 11. August 1897 fast ganz in den Händen der Professoren des Eidgenössischen Polytechnikums lag.

Burkhardts Nachfolger wurde 1908 Erhard Schmidt. Er war unter einer grösseren Zahl von Kandidaten nach Einholen von Gutachten ausgewählt worden. Frobenius bezeichnete ihn als «den hervorragendsten Mathematiker der ganzen Göttinger-Schule». Es war durchaus ungewöhnlich, einen Privatdozenten direkt als Ordinarius auf den wichtigsten Lehrstuhl zu berufen. Diesen Schritt begründete die vierköpfige Berufungskommission, der auch Burkhardt angehörte, mit der Auffassung, einen «wenn möglich jungen, umfassend in seinem Fache gebildeten und tatkräftigen Mann zu gewinnen. Ein solcher Mann, dessen Gewinnung gleichzeitig auch innerhalb der ökonomischen Möglichkeiten unserer Hochschule gelegen wäre, ist Dr. Erhard Schmidt».

Erhard Schmidt (1874–1959) von Dorpat (Baltikum) war zuerst in einem technischen Beruf tätig gewesen und studierte dann in Dorpat, Berlin und Göttingen, wo er 1905 bei David Hilbert promovierte. Ein Jahr später habilitierte er sich in Bonn bei Eduard Study. 1908 wurde er als Nachfolger von Heinrich Burkhardt an die Universität Zürich berufen.

Schmidt lieferte grundlegende Beiträge zum isoperimetrischen Problem sowie auf dem Gebiet der Integralgleichungen und der partiellen Differentialgleichungen. Seine Arbeiten, aufbauend auf Ideen von Hilbert, waren wegweisend für die Entwicklung der modernen Funktionalanalysis. In seiner Arbeit «Über die Auflösung linearer Gleichungen mit unendlich vielen Unbekannten», die kurz vor seiner Berufung nach Zürich erschien, wurde der Begriff des später so genannten Hilbertschen Folgenraumes erstmals entwickelt. Methoden der Linearen Algebra, darunter das nach Erhard Schmidt benannte Orthogonalisierungsverfahren, wurden damit in dieses Gebiet eingeführt.

Schmidt wirkte nur drei Semester in Zürich, denn schon 1910 wurde er nach Erlangen berufen. Ein Jahr später ging er nach Breslau und von dort 1917 als Nachfolger von Hermann Amandus Schwarz nach Berlin.

Als Nachfolger von Schmidt wurde auf das Sommersemester 1910 sein Schüler Ernst Zermelo von Berlin berufen. Zunächst war der Fortbestand dieses Ordinariates vom Regierungsrat in Frage gestellt worden, da unter anderem die Meinung vertreten wurde, die Professuren am Polytechnikum würden genügen. Schliesslich setzte sich die Fakultät mit dem Argument durch, dass Universität und Polytechnikum in ihrer Ausbildung nicht die gleichen Ziele verfolgten.

Neben Ernst Zermelo, Privatdozent in Göttingen, kam *ex aequo* auch Issai Schur an erster Stelle auf die Vorschlagsliste. Schur, der Privatdozent in Berlin war, wurde von Frobenius empfohlen, während Schmidt Zermelo aufgrund eines ausführlichen Gutachtens von Hilbert unterstützte. Bei der Auswahl galten die gleichen Gesichtspunkte wie bei der Berufung von Schmidt, d.h. es sollte aus Gründen der Stabilität ein jüngerer Dozent gesucht werden. Von den beiden Kandidaten sagte der Kommissionsbericht, dass beide «Gelehrte ihres Faches» und von hervorragendem wissenschaftlichem Ruf seien, beide seien sie sehr gute Dozenten, und beide würden für längere Zeit in Zürich bleiben.

Hilbert schreibt in seinem Gutachten: «In allen seinen Publikationen zeigt sich Zermelo als ein moderner Mathematiker, der in seltener Weise Vielseitigkeit mit Tiefe verbindet. Während er ein gründlicher Kenner der mathematischen Physik ist, was mir übereinstimmend von Männern wie Voigt, Carl Runge, Sommerfeld, Nernst bestätigt wird, ist er zugleich *die* Autorität in der mathematischen Logik. Er vereinigt damit in sich das Verständnis der am weitesten von einander entfernt liegenden Teile in dem gewaltigen Gebiete des mathematischen Wissens.

Zermelo übt hier [in Göttingen] seit 11 Jahren die denkbar vielseitigste Vorlesungspraxis aus. Er hat wiederholt auch elementare Vorlesungen wie analytische Geometrie, Differential- und Integralrechnung vor grösserem Publikum (70–80 Zuhörer), das ihm mehrere Semester hindurch in unverminderter Zahl treu geblieben ist, mit gutem Erfolg gelesen. Und wenn er über Kapitel der höheren Mathematik vor reiferen Zuhörern vorträgt, gestalten sich seine Vorlesungen zu originellen Leistungen. Er vertritt in ihnen den modernen Standpunkt des betreffenden Wissenszweiges; sie gehören zu den besten, die hier gelesen werden. Eine stattliche Zahl von heutigen Privatdozenten und Professoren haben bei ihnen Belehrung geschöpft. Noch eben rühmt mir Kollege Landau, der zur Zeit die Vorlesung Zermelos über die logischen Grundlagen der Mathematik regelmässig hört, wie klar und fesselnd sein Vortrag ist.

Er war vor Jahren krank. Er ist jedoch als völlig gesund anzusehen [...] Er würde zweifellos mit grösster Freudigkeit dem Ruf nach Zürich Folge leisten und sein Amt, dessen bin ich überzeugt, mit äusserster Pflichttreue verwalten.» [3] Dem fügte Schmidt hinzu, dass Zermelo «nicht nur als Charakter ein ganz vortrefflicher Mensch ist, sondern auch den Vorzug strenger Sachlichkeit, Aufrichtigkeit und Unbestechlichkeit im Urteil besitzt».

Über Schur sagte Frobenius unter anderem: «Seine Arbeiten, zwar auf einem engen Gebiet, sind aber immer geistvoll und in ihrer Beschränkung meisterhaft. In allen Teilen der Mathematik ist er ein genauer, gründlicher Kenner, der in seiner Sorgfalt etwas an Stickelberger erinnert. [...] Schur ist ein fast übertrieben bescheidener, einfacher feiner Mensch aus sehr guter Familie (Südrussland). Er sowohl wie seine Frau, die Medizin studiert hat, würden sehr gut in die Zürcher Verhältnisse passen. [...] Als Jude und Russe hat er leider wenig Aussicht an einer preussischen Universität anzukommen. Daher scheint mir die Gefahr, dass Sie ihn bald wieder verlieren könnten, ziemlich gering.»

In den Beratungen der Berufungskommission wurde schliesslich Zermelo, der wie Schur in Zürich persönlich bekannt war, der Vorrang gegeben.

Ernst Zermelo (1871–1953) studierte in Berlin, Halle und Freiburg. Im Jahre 1894 promovierte er in Berlin mit einem Thema aus der Variationsrechnung. Anschliessend habilitierte er sich in Göttingen. Im Dezember 1905 gelang ihm nach Gesprächen mit Erhard Schmidt mit Hilfe des Auswahlaxioms der aufsehenerregende Beweis des Wohlordnungssatzes der Mengenlehre. Darauf erteilte ihm die Fakultät in Göttingen den Titel eines Professors. Im Jahre 1908 schuf Zermelo sein bekanntes Axiomensystem für die Cantorsche Mengenlehre. Im Sommer 1915 musste Zermelo wegen einer tuberkulösen Erkrankung operativ behandelt werden. Da sich Zermelos Gesundheit trotz Kuraufenthalten in Davos nicht besserte, wurde ihm von seiten der Hochschulkommission und des Erziehungsrates nahegelegt, aus Gesundheitsrücksichten um Entlassung und Versetzung in den Ruhestand nachzusuchen. Bis zu seinem Lebensende wurde ihm darauf ein Ruhegehalt in der Höhe seines bisherigen Einkommens gewährt.

Nach seinem Rücktritt lebte Zermelo zurückgezogen als Privatgelehrter im Schwarzwald, bis ihn die Universität Freiburg i.Br. als Honorarprofessor verpflichten konnte. Von dieser Stelle ist er 1935 aus Protest gegen das Hitler-Regime zurückgetreten. 1946 wurde er dort wieder in sein Amt eingesetzt.

Während der Tätigkeit Zermelos haben sich an der Universität Zürich zwei hervorragende Privatdozenten habilitiert, nämlich Ludwig Bieberbach und Paul Bernays. Die Habilitation von Ludwig Bieberbach (1886–1982) erfolgte 1910 auf Grund eines positiven Gutachtens von Zermelo, dem sich auch Einstein anschloss. Vier Monate später verzichtete Bieberbach aber auf die *venia legendi*, da er in Königsberg eine Dozentenstelle übernommen hatte. Paul Bernays habilitierte sich im Sommer 1913. Auf Einladung von Hilbert zog Bernays 1919 nach Göttingen und habilitierte sich dort ein zweites Mal. Er war später an der ETH in Zürich tätig.[4]

4 Die Zeit nach dem Ersten Weltkrieg

Seit der Erstellung des Semper-Baus des Polytechnikums war die Universität im Südflügel dieses Gebäudes untergebracht. Unterdessen war die Zahl der Studierenden an der Universität bis zum Jahr 1904/05 auf 1131, also in zwanzig Jahren auf mehr als das Doppelte angestiegen. Damit vermochte dieser Bau nicht mehr beiden Hochschulen gleichzeitig genügend Raum zu bieten. Weil das Polytechnikum das ganze Gebäude für sich beanspruchte, konnte das Kantonsparlament und später das Zürcher Stimmvolk schliesslich von der Regierung des Kantons Zürich davon überzeugt werden, einer Vorlage zuzustimmen, welche Neubauten für die Universität, das Technikum Winterthur und die Kantonsschulen vorsah. Das neue Universitätsgebäude entstand unmittelbar südwestlich des Komplexes von Semper auf der Stockarschen Liegenschaft. Es konnte im Jahre 1914 feierlich eröffnet werden. In den folgenden fünf Dezennien war in ihm auch das Mathematische Seminar untergebracht.

Mit dem Einzug in den Neubau trat eine neue Universitätsordnung in Kraft. Sie brachte als Neuerungen unter anderem Bestimmungen über die Stundenverpflichtungen der Professoren, wobei Ordinarien und Extraordinarien einander fast gleichgestellt wurden, über die Schaffung von Titular- und Honorarprofessuren und über die Vertretung der Privatdozenten im Senat, dem neu auch die Extraordinarien angehörten.

Durch den Tod von Extraordinarius August Weiler im Mai 1916 und den Rücktritt von Ordinarius Ernst Zermelo im Sommer desselben Jahres wurden gleichzeitig beide Professorenstellen für Mathematik vakant. Es wurde beschlossen, dass zunächst das Ordinariat besetzt werden solle, und dass danach unter Mithilfe des neuen Inhabers ein Vertreter der zweiten Stelle zu bestimmen sei. Man war fest entschlossen wieder einen erstrangigen Mathematiker zu berufen und «dass der beste da zu holen sei, wo immer man ihn bekommen könne und welcher Nationalität er sein möge» [1]. Zunächst wurde Paul Bernays als Kandidat in Betracht gezogen. Wegen dessen Unterricht äusserte aber die Fakultät Bedenken. «Leider ist es der Fakultät nicht möglich, den Privatdozenten für Mathematik an der Universität, Herrn Dr. Bernays, in Vorschlag zu bringen. Die von zwei Mitgliedern der Fakultät angehörten Vorlesungen dieses Herrn haben den Eindruck hinterlassen, dass sich Herr Dr. Bernays in keiner Weise dazu eignet, die Studierenden in die höhere Mathematik einzuführen», hiess es in einem Berichte des Dekans der Fakultät an die Erziehungsdirektion des Kantons Zürich. Daraufhin wurde 1916 als Nachfolger von Zermelo auf den einstimmigen Antrag der Fakultät der Basler Karl Rudolf Fueter berufen, der an der Technischen Hochschule in Karlsruhe tätig war. An zweiter Stelle hatte Michel Plancherel gestanden, an dritter Henri Fehr und Gustave Dumas. Noch drei Jahre vorher hatte Fueter einen Ruf an die Universität Giessen abgelehnt, und auch die Nachfolge von Carl F. Geiser am Eidgenössischen Polytechnikum hatte er ausgeschlagen.

Karl Rudolf Fueter (1880–1950) entstammte einem alten Berner Burgergeschlecht. Sein Grossvater war Arzt in Bern und sein Vater Architekt in Basel. Dort legte Fueter im Herbst 1898 die Maturitätsprüfung ab. Anschliessend studierte er ein Jahr Mathematik in Basel. Darauf begab er sich nach Göttingen, wo er im Jahr 1903 mit der Arbeit «Der Klassenkörper der quadratischen Körper und die komplexe Multiplikation» bei David Hilbert promovierte. Nach der Promotion hielt sich Fueter noch in Wien, Paris und England auf, bevor er sich 1905 bei Kurt Hensel in Marburg habilitierte. 1907 war Fueter vertretungsweise Professor an der Bergakademie in Clausthal, und ein Jahr später erfolgte die Ernennung als Professor nach Basel. Im Frühjahr 1913 wechselte er an die Technische Hochschule in Karlsruhe.

Im Anschluss an seine Dissertation arbeitete Fueter zunächst auf dem Gebiete der Zahlentheorie weiter. Es entstanden die zweibändige Monographie «Vorlesungen über die singulären Moduln und die komplexe Multiplikation der elliptischen Funktionen» sowie das Lehrbuch «Synthetische Zahlentheorie». Später wandte er sich vor allem der Funktionentheorie der Quaternionen zu, wo ihm wichtige Erkenntnisse zu verdanken sind. Darüberhinaus betreute er die Herausgabe des zahlentheoretischen Teiles der Werke von Euler.

Vom Sommersemester 1920 bis und mit Wintersemester 1921/22 war Fueter Rektor der Universität. Das war nur eines der vielen Ämter, die ihm als zuverlässigem und unermüdlichem Organisator anvertraut wurden. So wirkte er seit 1908 in der Euler-Kommission, deren Präsident er im Jahre 1927 wurde. 1910 gründete er zusammen mit Henri Fehr und Marcel Grossmann die Schweizerische Mathematische Gesellschaft, der er auch als erster Präsident vorstand. Als diese Gesellschaft 1929 die «Commentarii Mathematici Helvetici» gründete, war Fueter massgeblich beteiligt; er wurde denn auch erster Redaktor dieser mathematischen Fachzeitschrift. Für den Internationalen Mathematiker-Kongress 1932 in Zürich betraute man ihn mit dem Amt des Präsidenten.

Fueter wirkte dahin, dass auf den Sommer 1917 der zweite Lehrstuhl mit Andreas Speiser besetzt wurde. *Secundo loco* war Georg Pólya gesetzt worden, der sich 1914 am Eidgenössischen Polytechnikum habilitiert hatte. An dritter Stelle stand Otto Haupt (1887–1988), Privatdozent an der Technischen Hochschule Karlsruhe. Bei der Lehrstelle handelte es sich um ein Extraordinariat, das aber wenige Jahre später in ein Ordinariat umgewandelt wurde. Damit war die Mathematik erstmals wieder seit mehr als fünfzig Jahren durch zwei ordentliche Professoren vertreten.

Andreas Speiser (1885–1970) entstammte einer angesehenen Basler Familie. Sein Vater, Paul Speiser-Sarasin, war Professor für Steuerrecht an der Universität Basel und während längerer Zeit als Basler Regierungsrat und liberaler Nationalrat in der Politik tätig. Nach Abschluss des Gymnasiums in Basel begab sich Andreas Speiser auf Anraten des Basler Mathematikers Karl von der Mühll nach Göttingen. Seine Dissertation «Theorie der binären quadratischen Formen mit Koeffizienten und Unbestimmten in einem beliebigen Zahlkörper» entstand unter der Leitung von Hermann Minkowski. Nach weiteren Studien in Schottland, London und Paris habilitierte sich Speiser 1911 in Strassburg bei Heinrich Weber mit einer Arbeit über die Komposition der binären quadratischen Formen. Nachdem Speiser im Sommersemester 1915 Rudolf Fueter an der Technischen Hochschule in Karlsruhe vertreten hatte, holte ihn dieser auf das Sommersemester 1917 als ausserordentlichen Professor an die Universität Zürich. Zwei Jahre darauf wurde Speiser dort Ordinarius. 1944 folgte er einem Ruf an die Universität seiner Vaterstadt Basel, wo er im Jahre 1950 das Amt des Rektors bekleidete. Er trat 1955 von seiner Professur zurück.

Speisers mathematische Interessen konzentrierten sich in erster Linie auf die Gebiete Gruppentheorie, Zahlentheorie und Algebra. Zunächst leistete er wichtige Beiträge zur Gruppentheorie und deren Anwendung auf die Zahlentheorie. Schon 1923 entstand sein berühmtes Lehrbuch «Die Theorie der Gruppen von endlicher Ordnung», aus dem eine ganze Generation in dieses Gebiet und zugleich in die moderne abstrakte algebraische Denkweise eingeführt wurde. Grosse Verdienste hat sich Speiser auch um die Herausgabe einer deutschen Edition von L.E. Dicksons Buch «Algebras and their arithmetics» erworben. Die von J.J. Burkhardt und E. Schubarth besorgte deutsche Übersetzung einer von Dickson vollständig neu geschriebenen und stark erweiterten Fassung hat Speiser mit einem grundlegenden Kapitel über Idealtheorie in rationalen Algebren bereichert. Durch dieses Buch sind die Arbeiten von Wedderburn und Dickson zur Theorie der hyperkomplexen Systeme in Deutschland bekannt geworden, die dann Artin, Brauer, Hasse und Emmy Noether zu weiteren Untersuchungen anregten.

In seinen späteren Jahren hat Speiser einen grossen Teil seiner wissenschaftlichen Tätigkeit der Herausgabe des Werkes von Leonhard Euler gewidmet. Insgesamt 37 Bände hat Speiser zwischen 1928 und 1965 als Generalredaktor der Euler-Kommission herausgebracht, wovon 11 von ihm selbst redigiert und mit ausführlichen und sachkundigen Erläuterungen versehen wurden. Ferner hat sich Speiser um die Herausgabe der Mathematischen Werke von Johann Heinrich Lambert verdient gemacht.

In seinem Bericht über die Neubesetzung der mathematischen Professur hatte Fueter noch ein weiteres Extraordinariat für Angewandte Mathematik gefordert, damit die Lehrerausbildung gewährleistet werden könne. Zu den Pflichten sollte eine in jedem Semester gehaltene Vorlesung über Darstellende Geometrie samt Übungen und eine vierstündige Vorlesung über Angewandte Mathematik gehören. Darunter wurden die Gebiete Wahrscheinlichkeitsrechnung, Graphische Statistik, Ausgleichsrechnung sowie Ebene und Sphärische Trigonometrie verstanden. Man entschloss sich aber, für den Bereich dieser Aufgaben vorerst nur Lehraufträge zu vergeben.

Der mathematische Unterricht wurde von Grund auf neu gestaltet. Für Chemiker, Physiker, Astronomen und Biologen wurde ein neuer Kursus «Einführung in die mathematische Behandlung der Naturwissenschaften» geschaffen, der von Fueter regelmässig im Wintersemester gehalten wurde. Die zweisemestrige Vorlesung «Differential- und Integralrechnung» wurde von Speiser übernommen. Dazu gehörte ein Mathematisches Proseminar, in welchem Übungen zur Differential- und Integralrechnung abgehalten wurden. Die Geometrie war fortan nicht mehr als besonderes Fach vertreten, sondern den beiden Ordinarien zugeordnet. So entstand die Vorlesung «Analytische Geometrie der Ebene und des Raumes», die Fueter regelmässig im Sommersemester anbot.

Neben diesen Grundvorlesungen hielt jeder der beiden Ordinarien eine vierstündige Spezialvorlesung über wechselnde Gegenstände, welche im gemeinsamen Mathematischen Seminar vertieft wurde. Daneben hielt Speiser gelegentlich Vorlesungen über historische und philosophische Gegenstände für Hörer aller Fakultäten. Diese Veranstaltungen erfreuten sich offenbar grosser Beliebtheit; J.J. Burckhardt vermittelt davon in seinem Bericht über die Mathematik an der Universität Zürich 1916–1950 ein lebhaftes Bild: «Der hochgelegene Hörsaal im Turm hinderte die vielen Studierenden verschiedener Richtungen nicht daran, diesen einzigartigen Stunden beizuwohnen. Speiser, ein hervorragender Pianist, setzte sich etwa ans Klavier und erklärte die Kompositionen der Klassiker Mozart, Beethoven oder Verdi, aber im selben Zuge auch diejenigen von Kinderliedern. Oder er liess, unterstützt von Lichtbildern, die Symmetrien der Ornamente aufleuchten.» [2]

Über jene Zeit schreibt J.J. Burckhardt im Vorwort zum eben erwähnten Bericht weiter: «Damals waren die Studierenden in mittleren und höheren Semestern an den Fingern einer Hand abzuzählen, die Vorlesungen gestalteten sich daher etwa zu einem Gespräch mit dem Dozenten. Entsprechend war die Arbeit im wöchentlichen Seminar. Da war kein Gedränge, einen Vortrag zu halten, im Gegenteil musste man dafür bedacht sein, nicht mehr als zweimal pro Semester auftreten zu müssen. Bei einer Nachsitzung im ‚Oestli‘ wurde der Kontakt mit den Dozenten vertieft, am sommerlichen Seminarbummel und am Weihnachtsabend, an dem auch fast alle ‚Ehemaligen‘ teilnahmen, wurde der Kontakt weiter gepflegt. Hierdurch wurden wir bereits als Studierende unmittelbar in das mathematische Leben von Zürich einbezogen, Besuche von Vorlesungen und Seminarien an der Eidgenössischen Technischen Hochschule und des Zürcher mathematischen Kolloquiums vermittelten uns die Bekanntschaft mit den bedeutendsten Forschern jener Zeit. So war uns das Studium keine Last, sondern ein Hineinwachsen in unseren Beruf. Die Examina, Gespräche mit den Dozenten, gaben Anregung zum weiteren Studium oder bildeten den schönen Abschluss einer inhaltsreichen Zeit.» [3]

Im April 1919 beantragten Fueter und Speiser die Errichtung eines Extraordinariates für Angewandte Mathematik mit einer Lehrverpflichtung von 8 Wochenstunden, nämlich 4 Stunden Darstellende Geometrie und 4 Stunden Angewandte Mathematik. Nachdem der Erziehungsrat die neue ausserordentliche Professur auf das Sommersemester 1920 bewilligt hatte, wurde auf diese Stelle Ferdinand Gonseth

berufen, der als Privatdozent schon seit zwei Jahren diesen Lehrauftrag wahrgenommen hatte. An zweiter Stelle war Otto Haupt (1887–1988) empfohlen worden,
den Fueter von Karlsruhe her kannte, wo sich Haupt 1913 habilitiert hatte. Haupt
hatte aber unterdessen bereits eine ordentliche Professur in Rostock erhalten.

> Ferdinand Gonseth (1890–1975) studierte am Eidgenössischen Polytechnikum, wo er 1916
> promovierte und sich ein Jahr später habilitierte. Schon ein halbes Jahr nach seiner Be-
> rufung an die Universität Zürich nahm er einen Ruf als Ordinarius nach Bern an. 1929
> wurde er Professor für Höhere Mathematik in französischer Sprache an der ETH.[4] Er trat
> 1960 in den Ruhestand und starb 1975.

Die Nachfolge von Gonseth wurde zuerst Walter Dällenbach von Burgdorf angetragen, der sich 1919 am Polytechnikum habilitiert hatte. Dieser lehnte aber ab,
da er eine glänzende Stellung als angewandter Mathematiker bei der Firma Brown
Boveri in Baden erhalten hatte. Auch Emile Marchand, Chefmathematiker bei der
Schweizerischen Lebensversicherungs- und Rentenanstalt, lehnte das an ihn ergangene Angebot ab. So stellten Fueter und Speiser in einem Gutachten im Juli 1920
fest, dass es fast unmöglich sei, für die Nachfolge von Gonseth jemand geeigneten
zu finden. «Trotzdem sind wir in der letzten Zeit auf eine ganz hervorragende Kan-
didatur für unsere Professur aufmerksam gemacht worden. Es handelt sich wohl
um den bedeutendsten Lehrer für Darstellende Geometrie in deutscher Sprache,
um den sich die grössten Hochschulen des Auslandes, wie Karlsruhe, Dresden,
Wien beworben haben.»[5] Dieser Kandidat war Martin Disteli, der zuletzt Professor für Darstellende Geometrie an der Technischen Hochschule Karslruhe gewesen
war.

> Martin Disteli (1862–1923), Sohn eines Bahnhofinspektors von Olten, hatte nach der Ma-
> turität an der Kantonsschule Solothurn am Polytechnikum in Zürich studiert und dort 1885
> das Diplom für Fachlehrer mathematischer Richtung erworben. Nach weiteren Studien in
> Berlin und Genf war er von 1887 bis 1893 Assistent am Polytechnikum bei Wilhelm Fied-
> ler, von dem er sich besonders angezogen fühlte. 1888 promovierte er an der Universität
> mit der Arbeit «Die Steinerschen Schliessungsprobleme nach darstellender geometrischer
> Methode». Nach seiner Assistenzzeit am Polytechnikum war er während fünf Jahren
> Lehrer am Kantonalen Technikum in Winterthur. Darauf folgten kurze Anstellungen als
> Privatdozent in Göttingen, bei Reye in Strassburg und in Karlsruhe, wo er 1900 zum Ex-
> traordinarius ernannt wurde. Zwei Jahre später erhielt er ein Extraordinariat in Strassburg
> und schliesslich 1905 ein Ordinariat für Darstellende Geometrie an der Technischen Hoch-
> schule Dresden. 1909 kehrte er als Ordinarius für Darstellende Geometrie nach Karlsruhe
> zurück, wo Fueter und für kurze Zeit auch Speiser seine Kollegen wurden, gab diese Stel-
> lung aber 1917 wegen des Krieges und aus Gesundheitsgründen auf, um sich in seinem
> Heimatort Olten niederzulassen.
>
> Seine Arbeiten galten hauptsächlich der kinematischen Geometrie, ein Gebiet, auf dem er
> führend war.

Entsprechend seinem bedeutenden Ruf erhielt Disteli wesentlich bessere Anstellungsbedingungen, als sie eigentlich für diese Stelle vorgesehen waren. Die Lehrverpflichtung lautete auf höchstens sechs Wochenstunden, d.h. vier Stunden Darstellende Geometrie inklusive Übungen und zwei Stunden Angewandte Mathematik. Ausserdem erhielt Disteli den Titel und Rang eines Ordinarius sowie die

Erlaubnis, den Wohnsitz in Olten zu behalten. Schon im Oktober 1923 musste Disteli wegen einer Operation um Urlaub nachsuchen, und noch im gleichen Monat starb er an den Folgen einer Embolie.

Die Nachfolge von Disteli sollte sich als recht kompliziert erweisen. Die Vorschlagsliste der Fakultät enthielt an erster Stelle Willy Scherrer, Professor an der Kantonsschule Winterthur, an zweiter und dritter Stelle Helmut Kneser, Privatdozent in Göttingen, und Eugen Stübler, zu jener Zeit bei der Artilleriekommission in Berlin.

Der Antrag der Fakultät, den auch die Hochschulkommission gutgeheissen hatte, wurde vom Erziehungsrat im Februar 1924 überraschend zurückgewiesen: Scherrer sei kein Vertreter der Geometrie, wie es die Lehrstelle vorschreibe, und er habe auch keine praktische Erfahrung für Darstellende Geometrie vorzuweisen. Weiter verlangte der Erziehungsrat eine Umschreibung der Stelle als eigentliche Professur für Geometrie, um eine Abgrenzung gegenüber den Stellen an der ETH zu erreichen. In ihrer Antwort wies die siebenköpfige Fakultätskommission diese Forderung zurück und hielt weiter an der Professur als Lehrstuhl für Angewandte Mathematik fest, zu deren Aufgaben wie bisher auch die Vorlesung über Darstellende Geometrie gehören sollte. Auch verwahrten sich Fueter und Speiser davor, als «Analytiker» abgestempelt zu werden. Sie wiesen darauf hin, dass die geometrischen Disziplinen zu den Gebieten der reinen Mathematik gehörten. Speiser legte ein Gutachten von Wilhelm Blaschke bei, in dem dieser bestätigte, dass es im Deutschen Reich keine Trennung der Lehrverpflichtung Analysis und Geometrie gebe. So lese Erich Hecke in Hamburg auch nichteuklidische Geometrie, während er, Blaschke, auch Funktionentheorie lese. In personeller Hinsicht entschied sich die Fakultät aber, dem Erziehungsrate entgegenzukommen, indem sie für das Sommersemester 1924 auf eine Besetzung der Professur verzichtete und die Kandidatenfrage erneut prüfen wollte. Gleichzeitig liess man die Vorlesung über Darstellende Geometrie für jenes Semester kurzerhand ersatzlos ausfallen, was den Erziehungsrat nicht wenig verstimmte. Man kommt bei dieser Berufungsangelegenheit nicht darum herum zu vermuten, dass für den Erziehungsrat noch andere als die angegebenen Motive im Spiele waren.

Schliesslich liess der Erziehungsrat eine Konferenz der Universitäts- und Mittelschulprofessoren einberufen mit dem Auftrag, die fragliche Stelle genauer zu umschreiben. Diese Konferenz unterstützte den Standpunkt Fueters und Speisers, indem am Bisherigen festgehalten wurde: Neben der in jedem Semester gehaltenen Vorlesung über Darstellende Geometrie sollte in zwanglosem Turnus über Themen der Angewandten Mathematik gelesen werden.

Die Fakultät hielt in der Folge trotz der noch fehlenden Habilitation an der Eignung von Scherrer fest, in Anbetracht des Widerstandes des Erziehungsrates verzichtete sie aber darauf, ihn noch einmal vorzuschlagen. Als Nachfolger von Disteli wurden dann der Reihe nach die Schweizer Jules Chuard, Karl Dänliker, Paul Finsler, Ernst Mettler, Peter Pasternak und Walter Saxer besprochen. Schliesslich entschied man sich, einen fähigen jungen Ausländer zu berufen, nämlich Eugenio Giuseppe

Togliatti. Die Idee dabei war, dass ein solcher in absehbarer Zeit in seine Heimat zurückkehren dürfte und dass dann der Lehrstuhl für einen der jüngeren Schweizer Gelehrten frei würde, die sich in der Zwischenzeit weiter wissenschaftlich bestätigen sollten. Dabei dachte man wohl in erster Linie an Willy Scherrer, von dem man hoffte, dass er sich bald habilitieren würde.

Togliatti war Speiser persönlich bekannt und wurde von seinem Lehrer Berzolari als ein sehr bekannter Geometer und einer der besten jüngeren Vertreter der geometrischen Schule Italiens wärmstens empfohlen. Mit der stattlichen Zahl von 18 Arbeiten hauptsächlich auf dem Gebiete der Algebraischen Geometrie war er überdies wissenschaftlich bestens ausgewiesen. Seine Anstellung verzögerte sich aber, weil sich die Hochschulkommission seiner Wahl entgegengestellt hatte. Sie meldete Zweifel an, ob der Kandidat die deutsche Sprache genügend beherrsche. Auch meinte sie, wohl nicht zu Unrecht, annehmen zu müssen, dass die Fakultät im Grunde immer noch an Willy Scherrer festhalte. Bei Scherrer stellte sie aber in Frage, ob er alle Qualifikationen für den akademischen Lehrberuf sowohl in wissenschaftlicher Richtung wie auch nach der Lehrbefähigung besitze. Sie empfahl daher, die Stelle vorerst nicht zu besetzen und sie durch Scherrer im Lehrauftrag ausfüllen zu lassen. Dazu äusserte sich der damals an der Universität Zürich tätige Physiker Erwin Schrödinger: «Ich bedaure die Unmöglichkeit, Herrn Dr. Togliatti rechtzeitig zu gewinnen, ausserordentlich. Die Erteilung eines Lehrauftrages an Herrn Dr. Willy Scherrer erscheint mir hierfür nur ein schwacher Ersatz.»[6] Erst auf das Wintersemester 1924/25 wurde schliesslich Togliatti als Extraordinarius auf den Lehrstuhl für Angewandte Mathematik berufen.

> Eugenio Giuseppe Togliatti (1890–1977) aus Orbassano in der Provinz Turin, Bruder des bekannten kommunistischen Politikers, promovierte 1912 in Turin, wo er dann Assistent für Projektive Geometrie war und sich auch habilitierte. 1915 erhielt er unter sieben Bewerbern von der Berliner Akademie der Wissenschaften den sehr ehrenvollen Steiner-Preis.

Togliatti hat denn auch alle Erwartungen mehr als erfüllt. Aber schon in seinem dritten Zürcher Semester wurde er als Extraordinarius für Analytische und Projektive Geometrie an die Universität Genua berufen, so dass sich die Fakultät von neuem auf die Suche nach einem Nachfolger machen musste. Fueter hatte vorher noch vergeblich versucht, Togliatti durch Ernennung zum Ordinarius in Zürich zu halten. Für die Nachfolge war ausser Willy Scherrer immer noch kein Schweizer in Sicht, aber diesem fehlte nach wie vor die Habilitation. Man sah sich deshalb wieder in Italien um, dem «Lande der bedeutendsten und meistbeachteten Geometerschule der Welt». An erster Stelle gelangte Enea Bortolotti (geboren 1896) auf die Liste. Dieser hatte in Pisa studiert und promoviert und war jetzt Privatdozent in Bologna. An die zweite Stelle setzte man den jungen Beniamino Segre (1903–1977), der in Turin studiert und dort 1923 mit Auszeichnung promoviert hatte. Über beide Kandidaten hatte Togliatti, der in Turin zeitweise Segres Lehrer gewesen war, sehr günstige Gutachten abgegeben. Da Bortolotti in Italien bleiben wollte, lehnte er den an ihn ergangenen Ruf ab. Fueter und Speiser bemühten sich dann um Segre, dem sie in Anbetracht seines jugendlichen Alters vorerst einen Lehrauftrag mit vollem Gehalt eines Extraordinarius geben wollten, bevor die endgültige Berufung erfolgen sollte. Aber auch dieser lehnte ab, da er ein Rockefeller-Stipendium erhalten hatte.

Unterdessen hatte sich eine günstige Wendung ergeben. Paul Finsler, der schon früher als Kandidat im Gespräch gewesen war, aber aus gesundheitlichen Gründen hatte verzichten müssen, schien jetzt wieder völlig hergestellt zu sein. Carathéodory, den man um ein Gutachten gebeten hatte, sagte: «Sie [Finslers Doktorarbeit] enthält nicht nur schöne, neue und überraschende Resultate, an die niemand bis dahin gedacht hatte, sondern darüber hinaus wimmelt sie von originellen Einfällen, die die Lektüre dieses schwierigen Themas äusserst genussreich gestalten.» [7] Von Ernst Fischer lag ein weiteres Gutachten über die pädagogische Befähigung vor, das seinen Vortrag als «ganz hervorragend» bezeichnete, und dann so weiterfährt: «Finsler scheint mir zu den wenigen in die Tiefe gehenden und wahrhaft originellen Mathematikern zu gehören.» Die Fakultät beschreibt Finsler als «einen äusserst sympathischen und feinen Gelehrten, der in jeder Weise in die Zürcher Verhältnisse passen wird».

Paul Finsler (1894–1970), Sohn des Kaufmannes Julius Finsler, wurde in Heilbronn geboren. Die Familie stammte aus Stäfa, hatte sich aber schon im 16. Jahrhundert in der Stadt Zürich eingebürgert. Finsler besuchte die Lateinschule in Urach und das Realgymnasium in Cannstatt. Er studierte zuerst ein Jahr an der Technischen Hochschule Stuttgart und darauf in Göttingen, wo er im Februar 1919 bei Carathéodory mit der berühmt gewordenen Arbeit «Über Kurven und Flächen in allgemeinen Räumen» promovierte. Danach musste er krankheitshalber für zwei Jahre aussetzen und sich längere Zeit in Arosa erholen. Vom Herbst 1921 an hielt er in Köln Vorlesungen. Dort habilitierte er sich im folgenden Jahr. Sieben Arbeiten waren schon erschienen, als er für die Professur in Zürich an erster Stelle vorgeschlagen wurde.

In seinen wissenschaftlichen Abhandlungen hat Finsler wichtige Beiträge zu Differentialgeometrie, Algebraischer Geometrie, Wahrscheinlichkeitsrechnung, Mengenlehre und zu den Grundlagen der Mathematik geliefert. Aus seiner Dissertation entwickelte sich ein Zweig der Differentialgeometrie, der sich mit Räumen beschäftigt, die seit der 1934 erschienenen Monographie von Cartan über dieses Thema «espaces de Finsler» genannt werden.

Leider sind seine überaus originellen Gedanken manchenorts auf Ablehnung gestossen, was ihm sehr zu schaffen machte. Dass er als Amateurastronom, nur mit einem Feldstecher bewaffnet, zwei neue Kometen und eine Nova entdeckte, unterstreicht die vielseitigen Interessen dieses originellen Kopfes.

Die Querelen von seiten der Erziehungsdirektion gegen die Fakultät waren mit der Berufung von Finsler nicht zu Ende. Als diese nämlich erfuhr, dass Walter Saxer als Nachfolger von Marcel Grossmann an die ETH berufen worden war, wollte sie wissen, warum dieser von der Fakultät bei der letzten Berufung nicht vorgeschlagen worden sei. Darauf antworteten Fueter und Speiser: «Herr Prof. Saxer ist ein vorzüglicher Mathematiker, aber absolut kein Geometer. Alle seine Arbeiten liegen auf rein analytischem Gebiete. Ein Vorschlag von Saxer als Professor für angewandte Mathematik wäre somit gegen das ausdrückliche Verlangen der Erziehungsdirektion gewesen, einen wirklichen Geometer zu erhalten.» [8]

Leider musste Finsler schon in seinem zweiten Semester um Urlaub bitten, da er an nervöser und psychischer Erschöpfung litt. Nach J.J. Burckhardt war dies die Folge eines Kolloquiumsvortrages, in welchem Finslers Ausführungen über die Grundlagen der Mathematik von Hermann Weyl stark kritisiert wurden.[9] Vertreten wurde Finsler zuerst von Heinrich Frick, Professor am Gymnasium, und dann von Willy Scherrer, der unterdessen seine Habilitationsschrift eingereicht hatte. Als dann Finsler auch im Sommersemester 1929 seine Vorlesung noch nicht wieder aufnehmen konnte, erwog die Erziehungsdirektion, Finsler in den Ruhestand zu versetzen, und empfahl der Fakultät, eine Neubesetzung der Professur ins Auge zu fassen. Diese konnte aber erreichen, dass damit noch zugewartet und der Lehrauftrag nochmals Scherrer übertragen wurde. Als im folgenden Semester Finsler auf Anraten der Ärzte in Arosa zur Erholung bleiben musste und Scherrer inzwischen als Ordinarius nach Bern berufen worden war, wurde der Lehrauftrag für Darstellende Geometrie an den Privatdozenten Max Gut vergeben.

Max Gut (1898–1988) von Zürich hatte nach Abschluss des städtischen Gymnasiums zuerst ein Semester Rechts- und Handelswissenschaften in Genf studiert, sich dann aber, seinen Neigungen folgend, der Mathematik zugewandt. Nach Studien an der Universität und an der ETH in Zürich und einem Studienjahr in Berlin, das er der Theoretischen Physik widmete, promovierte er 1924 an der Universität Zürich bei Fueter mit der Arbeit «Über die singulären Moduln der Ikosaeder-Modulfunktion». Gut habilitierte sich im Sommer 1929 an der Universität Zürich, 1938 wurde er zum Titularprofessor ernannt. In seinen Vorlesungen behandelte er vornehmlich seine Hauptinteressensgebiete, die algebraische Zahlentheorie und die Gruppentheorie, daneben aber auch Fouriersche Reihen und Integraltheorie.

Glücklicherweise stellte sich Finslers Gesundheit wieder her, so dass er im Sommer 1930 seine Vorlesungen und seine wissenschaftliche Forschungstätigkeit wieder aufnehmen konnte. Es ist vielleicht mehr als nur eine zeitliche Übereinstimmung, dass Hermann Weyl im gleichen Sommer als Nachfolger von Hilbert von der ETH nach Göttingen berufen wurde.

Im Jahre 1933 habilitierte sich Johann Jakob Burckhardt neu an der Universität.

Johann Jakob Burckhardt, geboren 1903, entstammt einer alten Basler Familie. Zu seinen Vorfahren gehört Hieronimus Bernoulli, Bruder von Jakob und Johann Bernoulli. Burckhardt besuchte die Schulen in Basel und trat 1922 in die dortige Universität ein. Im Sommer 1923 begab er sich nach München und im darauffolgenden Jahr nach Hamburg. Um in die Nähe von Speiser zu kommen, immatrikulierte er sich im Herbst 1924 an der Universität Zürich. 1927 promovierte er bei Speiser mit seiner Arbeit «Die Algebren der Diedergruppen». In jenem Winter besuchte er auch ein Seminar bei Hadamard in Paris, und im Sommer 1928 folgte er in Göttingen den beiden Vorlesungen von Emmy Noether über Nicht-kommutative Algebren und Nicht-kommutative Arithmetik. Im Sommer 1930 kehrte er nach Basel zurück, wo er an seiner arithmetischen Begründung der Kristallographie zu arbeiten begann. In Basel war er auch als Lehrer an der unteren Realschule tätig. Später betreute er eine halbe Assistentenstelle bei Fueter. Nach der Habilitation unterrichtete er zusätzlich zu seiner Vorlesungstätigkeit an der Universität am Technikum in Winterthur und an der Töchterschule in Zürich. 1943 und 1944 vertrat er den beurlaubten Otto Spiess in Basel. 1942 erhielt er an der Universität Zürich den Titel eines Professors.

Seine Untersuchungen über kristallographische Gruppen beruhten auf Arbeiten von Schönflies und Fedorov, die um 1890 die dreidimensionalen diskreten Bewegungsgruppen angegeben hatten. Seine Bemühungen führten schliesslich unter anderem zu einer vollständigen Beschreibung der Raumgruppen in der Dimension drei. Die Theorie hat Burckhardt in seinen Büchern «Die Bewegungsgruppen der Kristallographie» und «Die Symmetrien der Kristalle» dargestellt. Er betreute ausserdem die Herausgabe der Gesammelten Mathematischen Abhandlungen von Ludwig Schläfli. Bei den «Commentarii Mathematici Helvetici» wirkte er viele Jahre als geschäftsführender Redaktor.

Im Winter 1937 habilitierte sich Heinrich Jecklin, geboren 1901, für das Gebiet der Versicherungsmathematik. Jecklin wurde 1946 Titularprofessor und ist 1971 zurückgetreten.

Als im Jahre 1944 Otto Spiess von seiner Professur an der Universität Basel zurücktrat, wurde als sein Nachfolger von der dortigen Fakultät Finsler an erster Stelle vorgeschlagen. Die Basler Regierung hat dann aber Speiser vorgezogen, aus Gründen, die wohl mit Speisers speziellen persönlichen Beziehungen zu Basel zusammenhingen. Damit wurde das Ordinariat für Höhere Mathematik an der Universität Zürich frei. Unter gleichzeitiger Beförderung zum Ordinarius wurde Finsler als Speisers Nachfolger berufen. Das damit vakant gewordene Extraordinariat für Angewandte Mathematik mit der Verpflichtung, jedes Semester die vierstündige Vorlesung über Darstellende Geometrie zu lesen, wurde Lars Ahlfors angetragen. Ahlfors konnte die Stelle aber wegen seines schlechten Gesundheitszustandes und infolge des Krieges erst 1945 antreten.

Lars Ahlfors, geboren 1907, promovierte 1932 an der Universität Helsinki bei Rolf Nevanlinna. Von 1929 bis 1933 war er Lektor für Mathematik an der schwedischsprachigen Universität in Åbo (Turku), unterbrochen durch Studienaufenthalte als Rockefeller-Stipendiat in Paris und Göttingen. An der Universität Helsinki wurde er daraufhin Professor für Mathematik. Nach einem Aufenthalt in München bei Carathéodory folgte eine dreijährige Gastprofessur an der Harvard University. Für seine Arbeiten zur geometrischen Funktionentheorie wurde ihm 1936 anlässlich des Internationalen Mathematiker-Kongresses in Oslo die Fields-Medaille zuerkannt, die damals erstmals vergeben wurde.

Ahlfors knüpfte an die funktionentheoretischen Arbeiten seiner Lehrer Ernst Lindelöf und Rolf Nevanlinna an. In seiner Dissertation «Untersuchungen zur Theorie der konformen Abbildungen und der ganzen Funktionen» führte er zur Behandlung konformer Abbildungen eine neue Methode ein, die ihn in der Fachwelt sogleich bekannt machte. Die von Nevanlinna stammende Theorie der Werteverteilung meromorpher Funktionen wurde von Ahlfors wesentlich ausgebaut, indem er geometrisch-topologische Methoden heranzog. Weitere wichtige Arbeiten von Ahlfors betreffen die Theorie der konformen und der quasikonformen Abbildungen.

Schon drei Semester nach seiner Berufung nahm Ahlfors ein Angebot an die Universität Harvard an, obgleich Fueter versucht hatte, ihn durch die Ernennung zum Ordinarius in Zürich zu halten.

In ihrer Begründung vom Juli 1946 für die Neubesetzung der Nachfolge von Ahlfors bezog sich die Fakultät, was die Kandidaten betraf, auf ihr Gutachten, das sie zwei Jahre zuvor bei der Wahl von Ahlfors erstellt hatte. Im Unterschied zu damals biete sich aber jetzt als Folge der Beendigung des Krieges die Möglichkeit, «für kurze Zeit berühmte hochbedeutende Mathematiker an die Universität zu berufen».[10] Wenn deren Wirken in Zürich möglicherweise auch nur kurz sei, so könne doch damit die Entwicklung der Mathematik in der Schweiz auf das günstigste beeinflusst werden. Gedacht wurde dabei an Rolf Nevanlinna und an Bartel L. van der Waerden. Ersterer wurde unter russischem Druck als Rektor in Helsinki entlassen; letzterer lebte, seit er Leipzig verlassen hatte, in Holland ohne akademische Stellung. Beiden Gelehrten wurde in jeder Beziehung höchstes Lob gezollt. Es wurde dann beschlossen, Nevanlinna, «den bedeutendsten lebenden Funktionentheoretiker und Begründer einer ganzen Schule» als ersten zu berufen, da er als ehemaliger Lehrer von Ahlfors dessen erfolgreiche Lehrtätigkeit fortsetzen könne. Finanziell machte man ihm ein grosszügiges Angebot, indem man bei seinem Gehalt weit über das Maximalgehalt eines Ordinarius hinausging. Die Berufung erfolgte auf den 1. Oktober 1946. Dabei vereinbarten Nevanlinna und Finsler die zugehörigen Pflichtvorlesungen Darstellende Geometrie und Differential- und Integralrechnung gegenseitig auszutauschen.

Rolf Hermann Nevanlinna (1895–1980) wurde in der karelischen Stadt Joensuu geboren. Sein Vater Otto Wilhelm und auch schon sein Grossvater waren Mathematiker ebenso wie sein um ein Jahr älterer Bruder Frithiof, mit dem er teilweise zusammenarbeitete. Nach der Übersiedlung der Eltern nach Helsinki besuchte er dort das Normallyceum. 1913 trat er in die Universität ein. 1919 promovierte er bei Lindelöf mit seiner Arbeit «Über beschränkte Funktionen, die in gegebenen Punkten vorgeschriebene Werte annehmen», in der er den Grundstein für seine Werteverteilungstheorie legte. Drei Jahre später folgte die Habilitation. Dazwischen unterrichtete er als Mathematiklehrer und arbeitete für eine Versicherungsgesellschaft. 1924 hielt er sich für weitere Studien in Göttingen auf, und 1926 sowie 1929 besuchte er mit einem Rockefeller-Stipendium Paris. Schon 1926 wurde ihm dank seiner glänzenden Arbeiten zur Theorie der meromorphen Funktionen der neugeschaffene zweite Lehrstuhl an der Universität Helsinki übertragen. Im Wintersemester 1928/29 hatte er eine Gastprofessur am Eidgenössischen Polytechnikum inne. Rufe an die ETH Zürich als Nachfolger von Hermann Weyl und an die Stanford University lehnte er ab. Während des finnisch-russischen Winterkrieges 1939/40 leistete er als mathematischer Artillerie-Experte Militärdienst, und von 1941 bis zum Ende des Zweiten Weltkrieges amtete er als Rektor der Universität, bis er diese Stellung auf russischen Druck hin aufgeben musste.

1948 wurde er zum Mitglied der neu gegründeten Finnischen Akademie für Wissenschaft und Kunst gewählt. Er hielt aber in der Folgezeit als Honorarprofessor mit regelmässigen Lehraufträgen bis 1963 weiterhin Vorlesungen an der Universität Zürich. Von 1959 bis 1962 amtete Nevanlinna als Präsident der Internationalen Mathematischen Union.

Im Anschluss an seine Dissertation entwickelte er, zum Teil in Zusammenarbeit mit seinem Bruder Frithiof, die nach ihm benannte Theorie der Werteverteilung meromorpher Funktionen. Seine Arbeiten über meromorphe Funktionen mit den beiden ersten Hauptsätzen erfuhren in seiner Monographie «Le théorème de Picard-Borel et la théorie des fonctions méromorphes» erstmals eine geschlossene Darstellung. Sieben Jahre später erschien sein zweites bedeutendes Werk zu diesem Thema unter dem Titel «Eindeutige analytische Funktionen». Später wandte sich Nevanlinna auch der Potentialtheorie, dem Dirichletschen Problem und der Theorie der offenen Riemannschen Flächen zu. Aus diesen Arbeiten ging das 1953 veröffentlichte Buch «Uniformisierung» hervor. Zusammen mit seinem Bruder veröffentlichte er 1973 das Werk «Absolute Analysis». In dieser Zeit galten seine Interessen vornehmlich der Differentialgeometrie und den zugehörigen quadratischen Formen.

Weniger als vier Jahre später, als Fueter auf den Herbst 1950 zurücktrat, ergab sich die Gelegenheit, auch van der Waerden zu berufen, obgleich dieser unterdessen eine vorteilhafte Professur an der Universität Amsterdam erhalten hatte. Damit war die Mathematik an der Universität für einige Zeit auf das glänzendste vertreten.

Heinz Hopf, der bei der Berufung um ein Gutachten gebeten worden war, sagte damals: «B.L. van der Waerden ist einer derjenigen Mathematiker, die während der letzten 25 Jahre eine wesentliche Änderung im Aussehen der Mathematik herbeigeführt haben. Bestimmt wäre niemand besser als van der Waerden geeignet, an der Universität eine neue ‚algebraische Schule' zu gründen.» [11] Um Gutachten waren auch Ahlfors und Speiser gebeten worden, die beide die Berufung von van der Waerden unterstützten. An zweiter Stelle wurde Pólya empfohlen, der gerne aus den Vereinigten Staaten wieder nach Zürich zurückgekehrt wäre. Die Berufung von van der Waerden erfolgte auf den 16. April 1951 als ordentlicher Professor für Mathematik und Direktor des Mathematischen Institutes.

Bartel Leendert van der Waerden wurde 1903 in Amsterdam geboren. Nach dem Studium der Mathematik an den Universitäten Amsterdam, Göttingen und Hamburg promovierte er 1925 in Amsterdam als Schüler von Hendrik de Vries mit einer Programmarbeit über die Grundlagen der Algebraischen Geometrie. 1927 habilitierte er sich in Göttingen. 1928 wurde er als Ordinarius nach Groningen berufen. Drei Jahre später erfolgte die Ernennung zum Professor und Mitdirektor des Mathematischen Seminars an der Universität Leipzig. 1947 war er Gastprofessor an der Johns Hopkins Universität in Baltimore (USA) und von 1948 bis 1951 Professor an der Universität in Amsterdam. 1951 wurde er als Professor für Mathematik und Direktor des Mathematischen Institutes an die Universität Zürich berufen. Von dieser Stelle ist er 1972 zurückgetreten.

Van der Waerdens Arbeiten betreffen praktisch sämtliche Gebiete der Mathematik sowie die Physik und die Geschichte der Mathematik und Astronomie. Seine frühen Arbeiten galten vor allem der Algebraischen Geometrie, wo es ihm gelang, die von den italienischen Geometern des 19. Jahrhunderts intuitiv definierten Begriffe algebraisch zu fassen. Als Anwendung ergaben sich weitreichende Verallgemeinerungen des Schnittpunktsatzes von Bezout sowie die Lösung des ersten Teiles des 15. Hilbertschen Problems, nämlich die strenge Begründung des Schubertschen Kalküls der abzählenden Geometrie. In der Algebra hat er die Idealtheorie von Emmy Noether auf ganz abgeschlossene Ringe erweitert. Weitere Arbeiten betreffen die Galoissche Theorie, die Invariantentheorie und die Darstellungstheorie.

In seinem epochemachenden Lehrbuch «Moderne Algebra», das 1930 erschien, stellte er erstmals die abstrakte Algebra dar, wie sie von Emil Artin und Emmy Noether geschaffen worden war. Es gehört wohl zu den erfolgreichsten mathematischen Lehrbüchern überhaupt. Zu den weiteren Gebieten, die van der Waerden nicht nur mit Einzelarbeiten, sondern auch mit weitverbreiteten und in viele Sprachen übersetzten Lehrbüchern bereichert hat, gehören die Algebraische Geometrie, die Theorie der Quadratischen Formen, die Theorie der linearen Gruppen, die Mathematische Statistik und die Quantenmechanik. In seinen späten Jahren galten van der Waerdens Interessen hauptsächlich der Geschichte der Mathematik und der Astronomie, denen er weitere vier Bücher und eine grosse Zahl von Einzelabhandlungen widmete.

Die Entwicklung zwischen 1950 und 1970 können wir des vorgegebenen engen Rahmens wegen nur noch mit wenigen Stichworten festhalten. Nachfolger von Paul Finsler wurde im Jahre 1962 zunächst Albrecht Dold (geboren 1928) und nach dessen Berufung nach Heidelberg Hans Heinrich Keller (geboren 1922). Die Nachfolge von Rolf Nevanlinna übernahm im Jahre 1964 sein Schüler Kurt Strebel (geboren 1921). Nach dem Rücktritt von van der Waerden wurde auf dessen Lehrstuhl Peter Gabriel (geboren 1933) berufen. Die Leitung des Mathematischen Institutes übernahm das Kollektiv der dem Institut angehörenden Fakultätsmitglieder. Van der Waerden selbst stand bis 1979 noch dem von ihm angeregten und neu geschaffenen Institut für Geschichte der Mathematik vor, dem er seine reichhaltige Bibliothek vermacht hatte. Das Mathematische Institut wurde in dieser Zeit noch durch weitere Zweige erweitert. 1968 wurde das Seminar für Angewandte Mathematik und 1971 die Biomathematische Abteilung gegründet. Die Leitung des ersteren wurde Volker Strassen (geboren 1936) übergeben, während Eduard Batschelet (1914–1979) mit der Leitung der letzteren betraut wurde. Zusätzlich wurden zwei weitere Lehrstellen geschaffen, eine Assistenzprofessur, die 1964 Guido Karrer (geboren 1929) übernommen hatte, und ein Ordinariat, auf das im Jahre 1967 Herbert Gross (1936–1989) berufen wurde.

Der Semper-Bau vor dem Panorama der Stadt Zürich (etwa 1870). Dem Bau vorgelagert ist das ehemalige Chemiegebäude des Polytechnikums, das 1860/61 erbaut wurde.

Die Westfassade des 1866 fertiggestellten Semper-Baus.

Das von G. Gull in den Jahren 1915–24 erweiterte Hauptgebäude der ETH nach der Renovation 1965–78. Der westliche, auf der Stadtseite liegende Flügel ist Teil des alten Semper-Baus. Der Ostflügel mit der Kuppel, der Mittelteil sowie die östlichen Verlängerungen des Nord- und Südflügels stammen von G. Gull.

Ostansicht des Hauptgebäudes der ETH mit der von Gull stammenden Kuppel.

Die Gebäude der ETH und der Universität (heutiges Aussehen).

VI. Abteilung.

Schule für Fachlehrer in mathematischer und naturwissenschaftlicher Richtung.

Es wird an dieser Abteilung kein allgemein verbindliches Unterrichtsprogramm aufgestellt; dagegen wird der Vorstand für die betreffenden Studirenden in Einhaltung der Studienrichtung u. Jahresfolge jeweilen individuelle Studienpläne festsetzen, wobei Vorlesungen anderer Abteilungen nicht ausgeschlossen sind.

A. Mathematische Sektion.

Vorstand: Prof. Dr. **Hurwitz.**

Ein vollständiges Normalprogramm mit vierjähriger Studienzeit bildet die Grundlage der Studienpläne.

Zur Teilnahme an seminaristischen Übungen wird in der Regel für Physik im dritten und vierten Studienjahr, für Mathematik in den drei letzten Semestern Gelegenheit geboten.

Unterrichtsgegenstände.	Stundenzahl.	Lehrer.
1. Jahreskurs.		
Differentialrechnung	4	Hurwitz.
Repetitorium	1	Hurwitz mit Hirsch
Übungen, in Gruppen, jede	2	und …
Calcul différentiel	4	Franel.
Répétition	1	Franel mit Dumas.
Exercices	2	
Analytische Geometrie	4	Geiser.
Repetitorium	1	Geiser mit … …
Darstellende Geometrie	3	W. Fiedler.
Repetitorium	1	W. Fiedler m. Künzler
Übungen	4	und Scherrer.
Géométrie descriptive	3	Lacombe.
Répétition	1	Lacombe.
Exercices	4	Lacombe.
Die folgenden 3 Jahreskurse.		
Differentialgleichungen	4	Hurwitz.
Übungen	1	Hurwitz mit Hirsch.
Théorie des équations différentielles	4	Franel.
Répétition	1	Franel mit Dumas.
Infinitesimalgeometrie	2	Geiser.
Géométrie de position	2	Lacombe.
Projektivische Geometrie, II (Geometrie der Lage)	2	W. Fiedler.
Gewundene Kurven	2	W. Fiedler.
Mathematisches Seminar	1	Geiser, Hurwitz u. Minkowski.
Analytische Mechanik	2	Minkowski.
Variationsrechnung	2	Minkowski.
Geometrie der Zahlen	2	Minkowski.
Zahlentheorie	3	Rudio.
Mechanik, II. Teil	4	Herzog.
Repetitorium	1	Herzog mit Rebstein.
Übungen	2	
Invariantentheorie	2	Hirsch.
Anwendungen der elliptischen Funktionen auf Probleme der Geometrie und Mechanik	1	Hirsch.

Unterrichtsgegenstände.	Stundenzahl	Lehrer.
Vermessungskunde, II. Teil (Geodäsie)	3	Decher.
Repetitorium	1	Decher.
Geodätisches Praktikum	2	Decher m. Leutenegger.
Anleitung zum physikalischen Praktikum	1	Pernet.
Physikalisches Praktikum für Anfänger	8	Pernet.
Physik	4	Weber.
Repetitorium	1	Weber.
Prinzipien, Apparate und Messmethoden der Elektrotechnik	4	Weber.
Theorie und Verwendung der Zylinderfunktionen in der Physik	2	Weber.
Wechselstrom und Wechselstrommotoren	2	Weber.
Übungen und Untersuchungen über Wechselstrommotoren, zur Erläuterung der Vorlesung	4	Weber.
Anleitung zur Ausführung wissenschaftlicher Arbeiten in Physik	8, 12, 24	Weber.
Elektrotechnisches Laboratorium	8 od. 16	Weber.
Optische Instrumente	2	Kopp.
Allgemeine Astronomie	3	Wolfer.
Mechanik des Himmels	2	Wolfer
Theorie des wissenschaftlichen Denkens, I. Teil: Deduktion	1	Stadler.
Lesen ausgewählter Abschnitte aus Kants Kritik der reinen Vernunft	1	Stadler.
Psychologie des Gefühls	1	Stadler.

B. Naturwissenschaftliche Sektion.

Vorstand: Prof. Dr. **Heim.**

Ein Normalprogramm mit 3jähriger Studienzeit bildet die Grundlage der Studienpläne; es wird Gelegenheit zur fachlichen Spezialisirung in chemisch-physikalischer, botanisch-zoologischer und mineralogisch-geologischer Richtung geboten; im dritten Jahre finden entsprechende seminaristische Übungen statt.

Unterrichtsgegenstände.	Stundenzahl	Lehrer.
1. Jahreskurs.		
Höhere Mathematik	4	Rudio.
Repetitorium	1	Rudio.
Anorganische Chemie	6	Bamberger.
Repetitorium	1	Bamberger.
Analytische Chemie, I. Teil	2	Treadwell.
Analytisch-chemisches Praktikum	12–16	Bamberger und Treadwell.
Mineralogie	4	Grubenmann.
Repetitorium	1	Grubenmann.
Allgemeine Botanik	3	Cramer.
Repetitorium	1	Cramer.
Zoologie, I. Teil, allgemeine Einleitung	2	Lang.
Repetitorium	1	Lang.

Das Vorlesungsprogramm der VI. Abteilung des Polytechnikums für das Wintersemester 1897/98.

Joseph Ludwig Raabe (1801–1859)

Edouard-Armand Méquet (1821–1897)

Joseph Wolfgang von Deschwanden
(1819–1866)

Richard Dedekind (1831–1916)

Elwin Bruno Christoffel (1829–1900)

Friedrich Emil Prym (1841–1915)

Wilhelm Fiedler (1832–1912)

Hermann Amandus Schwarz (1843–1921)

Heinrich Weber (1842–1913)

Carl Friedrich Geiser (1843–1934)

Georg Ferdinand Frobenius (1849–1917)

Ludwig Stickelberger (1850–1936)

Friedrich Hermann Schottky
(1851–1935)

Jérôme Franel (1859–1939)

Ferdinand Rudio (1856–1929)

Adolf Hurwitz (1859–1919)

Marius Lacombe (1862–1938)

Hermann Minkowski (1864–1909)

Arthur Hirsch (1866–1948)

Marcel Grossmann (1878–1936)

Louis Kollros (1878–1959)

Hermann Weyl (1885–1955)

Michel Plancherel (1885–1967)

Walter Saxer (1896–1975)

Georg Pólya (1887–1985)

Ferdinand Gonseth (1890–1975)

Heinz Hopf (1894–1971)

Albert Pfluger (1907–1993)

Eduard Stiefel (1909–1978)

Paul Bernays (1888–1977)

Beno Eckmann, geboren 1917

Arthur Linder (1904–1993)

Die Mathematiker an der ETH Zürich

1 Von der Gründung bis zur Jahrhundertwende

Die Gründung der Eidgenössischen Polytechnischen Schule, der heutigen ETH, um die Mitte des letzten Jahrhunderts fand vor dem Hintergrund einer raschen Industrialisierung der Schweiz statt. Diese betraf zuerst vor allem die Nord- und Ostschweiz, wo schon längere Zeit die Textilindustrie beheimatet war. Dieser Industriezweig durchlief ab etwa 1800 eine intensive Phase der Mechanisierung, und der Bau der komplizierten Textilmaschinen verlangte nach innovativen und leistungsfähigen Maschinenfabriken. Einige der in dieser Zeitspanne gegründeten Maschinenbau-Unternehmen errangen später Weltgeltung: Rieter & Co. wurde 1795 als Baumwollspinnerei gegründet, 1805 erfolgte die Gründung der Maschinenfabrik Escher, Wyss & Co. und 1834 die der Maschinenfabrik der Gebrüder Sulzer. Im Zuge der Industrialisierung nahmen auch die Transportbedürfnisse stark zu, was einen raschen Ausbau der Verkehrswege, insbesondere der Bahnverbindungen notwendig machte. Die erste Bahnstrecke der Schweiz, die «Spanisch-Brötli Bahn» zwischen Zürich und Baden wurde 1847 eröffnet. Im Vergleich zum übrigen Europa war das zwar relativ spät, aber der Ausbau schritt dann ausserordentlich rasch voran, so dass bis 1862 das Bahnnetz in der Schweiz eine Länge von 1000 km aufwies und sozusagen alle grösseren Schweizer Städte nördlich der Alpen untereinander verband.

Diese fast stürmisch verlaufende Industrialisierung, die sich in der zweiten Hälfte des Jahrhunderts fortsetzte, benötigte eine schnell wachsende Zahl von gut ausgebildeten Technikern und Ingenieuren: Der Bau von Textilmaschinen verlangte nach Maschineningenieuren, das Färben der Textilien nach Farbstoffchemikern, der Bau von Eisenbahnlinien und Strassenverbindungen mit einer grossen Anzahl Brückenbauten nach Bauingenieuren. Zwar gab es bereits in der ersten Hälfte des Jahrhunderts eine Anzahl von technischen Schulen — die Gewerbeschule Aarau und die Obere Industrieschule in Zürich galten als die damals besten in der Schweiz —, aber diese vermochten qualitativ bald einmal nicht mehr zu genügen. Wer eine höhere technische Ausbildung erwerben wollte, musste sich ins Ausland begeben: kurz vor 1850 studierten an die 100 Schweizer an polytechnischen Schulen im Ausland.[1] Der offensichtliche Mangel drohte sich nachteilig auf die Wirtschaft auszuwirken. Dies führte dazu, dass bei der Ausarbeitung der Verfassung des Bundesstaates[2] 1848 nicht nur die Gründung einer Eidgenössischen Universität in Aussicht genommen wurde, wie dies bereits um 1830 vorgeschlagen worden war, sondern auch die Gründung eines Eidgenössischen Polytechnikums. Artikel 22 der neuen Verfassung lautete: «Der Bund ist befugt, eine Universität und eine Polytechnische Schule zu errichten.»

Eine Vernehmlassung bei den Kantonsregierungen klärte zuerst die Bedürfnisfrage ab, und 1851 wurde eine Expertenkommission eingesetzt. Ihr gehörte als weitaus aktivstes Mitglied der damalige Zürcher Regierungspräsident und Nationalrat Alfred Escher an. Dieser vielfältig begabte Industrielle und Politiker war damals bereits Präsident der mächtigen Liberalen Partei. Als Präsident der Nordostbahn, als Gründer der Schweizerischen Kreditanstalt und wenige Jahre später auch als Gründer der Gotthardbahn gehörte er in den Jahren nach der Mitte des 19. Jahrhunderts zu den einflussreichsten Persönlichkeiten der Schweiz. Dank ihm arbeitete die Kommission ausserordentlich zielstrebig. Bereits wenige Monate, nachdem sie ihre Arbeit aufgenommen hatte, beauftragte sie Escher, Gesetzesentwürfe sowohl für die Universität wie für die Polytechnische Schule auszuarbeiten. Er entledigte sich dieser Aufgabe innerhalb von nur drei Wochen. Für die Polytechnische Schule liess er sich dabei vom damaligen Direktor der Industrieschule Zürich, Joseph Wolfgang von Deschwanden, beraten, der die ihm bekannte Schule von Karlsruhe zum Modell nahm.

In der parlamentarischen Beratung 1854 konnte man sich dann nur auf die Schaffung einer Polytechnische Schule einigen, die Eidgenössische Universität wurde bis heute nicht gegründet. Als Sitz legte man Zürich fest. Dies geschah wohl als Kompensation dafür, dass Bern Hauptstadt der Schweiz geworden war. Das Gesetz sah als Leitungsorgan des Polytechnikums den Schulrat vor, der direkt dem Schweizerischen Bundesrat, dem höchsten Exekutivorgan des Bundesstaates, unterstellt war. Der vollamtliche Präsident des Schulrates erhielt damit eine sehr wichtige Funktion. Zwar kamen ihm *de iure* keine allzu grossen Befugnisse zu. Es zeigte sich aber in der Praxis, dass sein Wort viele wichtige Dinge entscheiden konnte; dies betraf insbesondere sämtliche Berufungen, auch wenn im Gesetz als Wahlbehörde der Bundesrat festgelegt war.

Schon 1855 nahm das Eidgenössische Polytechnikum an sechs Abteilungen mit 71 Schülern und 160 Zuhörern[3] seinen Betrieb auf, sogar zwei Diplome konnten bereits erteilt werden.[4] Die Gründer der Schule erkannten von Anfang an, dass neben der Ausbildung der Ingenieure eine der wichtigsten Aufgaben der Schule darin bestand, Lehrer heranzubilden, welche in der Lage waren, die Schüler auf den Eintritt ins Polytechnikum vorzubereiten. So wurde bereits in Artikel 2 des Gründungsgesetzes aus dem Jahr 1854 festgehalten: «Die Polytechnische Schule kann auch zur teilweisen Ausbildung von Lehrern für technische Lehranstalten benutzt werden.» In den ersten Jahren des Bestehens diente die «VI. oder philosophische und staatswirtschaftliche Abteilung» diesem Zweck. Dieser Abteilung war neben den geisteswissenschaftlichen Fächern auch fast der gesamte Unterricht in den theoretischen Fächern an den Fachabteilungen übertragen. Mathematik, Darstellende Geometrie, Mechanik, Astronomie, Physik, Chemie u.a waren an dieser Abteilung beheimatet. Wer sich für das Lehramt ausbilden wollte, wählte aus den Fächern diejenigen aus, die seinen Absichten entsprachen, und hörte die Vorlesungen gemeinsam mit den Studenten der entsprechenden Ingenieurabteilungen. Von einem auch nur einigermassen vollständigen Studienplan für Fachlehrer konnte somit keine Rede sein.

Als erster Schulratspräsident amtete der thurgauische Politiker Johann Konrad Kern (1808–1888, im Amt 1854–1857). Vizepräsident wurde Alfred Escher. Die Stellung des Eidgenössischen Polytechnikums umriss Kern in der Rede zur Eröffnung wie folgt: «[Die] Förderung der Intelligenz und der auf wissenschaftliche Grundlagen sich stützenden Berufstüchtigkeit im Gewerbewesen [ist] der einzig wahre und nachhaltige Schutz, den der Staat gewähren kann, wirksamer und besser als alle andern Protektionsversuche.»[5] Beim Aufbau des Lehrkörpers, den er allein nach fachlichen Gesichtspunkten und ohne irgendwelche parteipolitischen Rücksichten vornahm, konnte er auf viele hervorragende deutsche Kräfte zurückgreifen: «Einige seiner berühmtesten Lehrer gewann das Polytechnikum aus den Reihen der um ihrer politischen Gesinnung willen Diskriminierten.»[6] Der Lehrkörper der neugegründeten Schule war wegen der «Konzentration theorieorientierter Technikwissenschafter»[7] ohne Zweifel einer der besten in Europa. Es gehörten ihm u.a. an: der Architekt Semper, der Bauingenieur Culmann, der Chemiker Bolley, die Physiker Mousson und Clausius, der Astronom Wolf, der Geologe Escher (von der Linth), der Kunstwissenschafter Jakob Burckhardt. «Die junge Schule war erfüllt vom Geist des technischen wie geistigen Fortschritts.»[8] Es entsprach der politischen Absicht einer engen Verbindung mit der Universität Zürich, dass viele Professoren gleichzeitig an beiden Schulen tätig waren, und auch den Studenten standen die Vorlesungen an beiden Lehranstalten offen.

Im Fach Mathematik sah die Organisation des Unterrichts am Polytechnikum eine Vorlesung über Höhere Mathematik (Differential- und Integralrechnung) vor, die sowohl deutsch wie auch französisch abgehalten wurde, und eine Vorlesung über Darstellende Geometrie. Diese Vorlesungen, die mit umfangreichen Übungen verbunden waren, wurden den einzelnen Professoren fest zugeordnet.

Als erster Professor für Höhere Mathematik amtete Joseph Ludwig Raabe.

> Joseph Ludwig Raabe wurde 1801 in Brody, Galizien, geboren. Mathematisch begabt, aber von Hause aus mittellos, erwarb er sich durch Erteilen von Privatstunden die Möglichkeit, das Polytechnikum in Wien besuchen. Dort nahm sich Littrow des talentierten jungen Mannes an und ermutigte ihn zur Veröffentlichung seiner ersten mathematischen Arbeit in Crelles Journal. Als 1832 die Cholera in Wien ausbrach, sorgte der Astronom und Geodät Johannes Eschmann dafür, dass Raabe nach Zürich kommen konnte. Hier erhielt er 1832 eine Professur an der Kantonsschule. 1833 wurde ihm die *venia docendi* an der neu gegründeten Universität erteilt, wo er 1843 zum Extraordinarius befördert wurde. 1855 erfolgte die Ernennung zum Professor am Eidgenössischen Polytechnikum; diese Stellung musste er wegen eines schweren Leidens bereits 1858 aufgeben. Er blieb aber bis zu seinem Tode im Jahre 1859 Professor an der Universität Zürich.
>
> Neben zahlreichen Arbeiten, in denen er sich unter anderem mit bestimmten Integralen, mit der Integration von Differentialgleichungen und mit der Reihenlehre (Raabesches Konvergenzkriterium) beschäftigte, veröffentlichte Raabe auch ein dreibändiges Werk über Differential- und Integralrechnung (1839–1847) sowie ein Buch «Die Jakob Bernoullische Funktion» (1848).

Für die Höhere Mathematik in französischer Sprache wurde im Herbst 1855 Jean-Pierre Servient von Point à Pitre (Guadeloupe) berufen. Bereits kurz nach seiner Ankunft in Zürich zeigten sich Anzeichen einer schweren Krankheit, der er im

April 1856 erlag, ohne dass er sein Amt hatte antreten können. Als Servients Nachfolger wurde Amy de Beaumont berufen.

> Amy de Beaumont wurde 1820 in Genf geboren. Er studierte Mathematik an der École Normale Supérieure in Paris. Nach dem Abschluss seiner Studien war er einige Jahre Lehrer an verschiedenen Lycées in Frankreich. Trotz bester Empfehlungen aus Frankreich betreffend seine wissenschaftlichen Qualitäten wie auch seine Qualitäten als Lehrer wurden bereits in den ersten Semestern in Zürich gravierende Übelstände im Unterricht festgestellt. Im August 1857 wurde er deshalb vom Schulrat aufgefordert, seine «Entlassung freiwillig» zu nehmen. Er wurde später Professor in Paris und starb 1866.

Der Lehrstuhl konnte erst 1860 wieder besetzt werden, nämlich durch Edouard-Armand Méquet.

> Edouard-Armand Méquet wurde 1821 in Agon (Département Manche) geboren. Er trat 1841 in die École Polytechnique in Paris ein und wurde zunächst Offizier. Die militärische Laufbahn musste er aber wegen seiner Kurzsichtigkeit aufgeben. Statt dessen wurde er Redakteur im Kriegsministerium. Als er nach dem Staatsstreich im Jahre 1851 den Eid verweigerte, verlor er diese Stelle. Er widmete sich nun ganz der Mathematik und wurde Lehrer an verschiedenen nicht staatlichen Schulen. 1860 wurde er als Professor für Höhere Mathematik in französischer Sprache ans Eidgenössische Polytechnikum berufen. 1886 veranlasste ihn sein Gesundheitszustand zurückzutreten. Er starb 1897 in Coutance (Manche).

Professor für das damals für Ingenieure wichtige Fach Darstellende Geometrie wurde Joseph Wolfgang von Deschwanden, der seit 1847 Vorsteher der Oberen Industrieschule Zürich war. Deschwanden war schon bei der Gesetzesarbeit für das Polytechnikum massgeblich beteiligt gewesen.

> Joseph Wolfgang von Deschwanden[9] wurde 1819 in Stans (Kanton Nidwalden) geboren. Er besuchte das Gymnasium in St. Gallen und anschliessend die Industrieschule in Zürich. Nach seinem Studium an der Universität Zürich von 1840 bis 1842 wurde er Professor für Maschinenlehre und praktische Geometrie an der Industrieschule in Zürich. Von 1847 bis 1855 war er deren Vorsteher. Er unterhielt enge Kontakte zur Firma Escher, Wyss & Co. und auf ausgedehnten Studienreisen lernte er die Maschinenfabriken in Deutschland, Frankreich, Belgien und England kennen. 1855 wurde er zum Professor für Darstellende Geometrie ans Eidgenössische Polytechnikum berufen und gleichzeitig zum Professor an der Universität Zürich (bis 1863). Zugleich übernahm Deschwanden das Amt des Direktors der Polytechnischen Schule. Aus Krankheitsgründen musste er dieses aber schon 1859 wieder aufgeben. Er starb 1866 an Lungentuberkulose.

In die Amtszeiten des Schulratspräsidenten Kern und des Direktors von Deschwanden fiel die Planungsarbeit für die Bauten des Polytechnikums. Während der ersten Jahre musste der Unterricht an mehreren über die Stadt verteilten Örtlichkeiten abgehalten werden. Erst 1864 konnte der neue Semper-Bau auf dem Areal zum Schienhut neben dem Pfrundhaus bezogen werden.

Für die Studenten mit ungenügenden Sprachkenntnissen oder mit mangelhafter Vorbereitung wurde 1859 ein mathematischer Vorkurs eingeführt, der sowohl deutsch wie auch französisch geführt wurde. Der deutsche Kurs wurde Johannes Orelli übertragen, der französische wurde von Johann Gustav Stocker übernommen.

Johannes Orelli wurde 1822 in Mettmenstetten (Kanton Zürich) geboren. Nach dem Besuch des Lehrerseminars in Küsnacht war er Lehrer an verschiedenen Schulen im Kanton Zürich. Das Jahr 1844/45 verbrachte er zum Studium der Mathematik in Paris. Ab 1853 übernahm er die Leitung der neugegründeten Kantonsschule in Frauenfeld (Kanton Thurgau) und ab 1859 wurde er Professor am Polytechnikum, wo er den mathematischen Vorkurs zu betreuen hatte. Er starb 1885.

Johann Gustav Stocker wurde 1820 in Meilen (Kanton Zürich) geboren. Nach dem Besuch des Lehrerseminars in Küsnacht war er kurze Zeit als Lehrer tätig, bevor er an der Universität Zürich bei Raabe und Gräffe Mathematik studierte. Nach einem Aufenthalt in Paris wurde er 1846 Lehrer an der Kantonsschule in Chur. Von der Gründung des Polytechnikums an bis 1867 war er Sekretär des Schulrates. Bereits 1857 wurde er zum Professor am Polytechnikum ernannt, ab 1859 leitete er den mathematischen Vorkurs in französischer Sprache. Er starb 1889 in Algerien auf einer seiner vielen Auslandreisen.

Kern trat 1857 von seinem Amt als Schulratspräsident zurück. Zu seinem Nachfolger wurde Johann Karl Kappeler (1816–1888, im Amt 1857–1888) ernannt. Kappeler war im Ständerat als Vertreter des Standes Thurgau seinerzeit stark für das Eidgenössische Polytechnikum eingetreten. Seine Wahl war zweifellos ein Glücksfall für die junge Schule. In den folgenden mehr als dreissig Jahren widmete er seine ganze immense Arbeitskraft dem Präsidentenamt mit bestem Erfolg. Dies wurde bereits von seinen Zeitgenossen, auch von seinen Gegnern anerkannt. Offenbar geläufig war damals der Ausspruch: «Sorgfältiger sieht keine Mutter zu ihrem Kind, als Kappeler über seine Schule wacht.» [10] Nicht zuletzt konnte die Mathematik von Kappelers Anstrengungen profitieren. Nachdem man offenbar in diesem Fach bei den ersten Berufungen der Praxisnähe der Bewerber grossen Wert beigemessen hatte, stellte Kappeler nun eher auf die wissenschaftliche Qualität ab. Bei der Suche nach einem Nachfolger für Raabe wandte er sich an Dirichlet. In dessen Nachlass fand sich ein Entwurf zu einem Brief an einen «Schweizerischen Hochschuldezernenten». [11] Darin nannte Dirichlet eine ganze Reihe von Namen, Aronhold, Lipschitz, Rosenhain, äusserte aber seine besonders hohe Wertschätzung für die beiden Göttinger Privatdozenten Riemann und Dedekind. Er gab Riemann «den ersten Rang». Im Gegensatz zu Dedekind habe Riemann allerdings nur Vorlesungen für fortgeschrittene Hörer und «über die höchsten Teile der Wissenschaft» gehalten. Die Vorlesungen Dedekinds zeichneten sich «durch Klarheit, Bestimmtheit und Lebendigkeit» aus und sie hätten «den anregendsten Einfluss» auf die Hörer. Kappeler reiste daraufhin (gegen Ostern 1858) selbst nach Göttingen und besuchte beide in ihren Vorlesungen. Er fand Riemann «zu stark in sich gekehrt», um angehende Ingenieure zu lehren, und entschied sich für Dedekind.

Richard Dedekind wurde am 6. Oktober 1831 in Braunschweig geboren. Nach dem Besuch des Gymnasiums begann er das Studium der Mathematik am Collegium Carolinum in Braunschweig, studierte dann ab 1852 an der Universität Göttingen, wo er promovierte und sich 1854 habilitierte. 1858, erst 27jährig, wurde er Professor für Höhere Mathematik am Eidgenössischen Polytechnikum in Zürich. Schon 1862 erhielt er einen Ruf an das Collegium Carolinum (Technische Hochschule) in Braunschweig, wo er bis zu seinem Rücktritt im Jahre 1894 blieb. Er starb 1916 in Braunschweig.

In seiner wissenschaftlichen Tätigkeit widmete sich Dedekind vor allem der Algebraischen Zahlentheorie. Durch die Vorlesungen von Dirichlet über Zahlentheorie, die er 1863 herausgab, erhielt er die Anregung, die idealen Zahlen von Kummer durch Ideale zu beschreiben.

Zusammen mit Heinrich Weber gab er 1876 die gesammelten Werke von Riemann heraus. Galoistheorie, Verzweigungstheorie, die Theorie der ζ-Funktion eines algebraischen Zahlkörpers verdanken ihm weitere grundlegende Beiträge. Aus der Zürcher Zeit stammt nach seinen eigenen Angaben die Idee des ‚Dedekindschen Schnittes‘ zur Konstruktion der irrationalen Zahlen aus den rationalen Zahlen (1872). Das elementare Büchlein «Was sind und was sollen die Zahlen?» (1888) gibt eine logisch einwandfreie Darstellung der Konstruktion der rationalen und reellen Zahlen aus den ganzen Zahlen. Dedekind stand in häufigem Briefwechsel mit Cantor, aus dem hervorgeht, dass er regen Anteil an der Entwicklung der Cantorschen Mengenlehre nahm.

Dedekind steht am Anfang einer Reihe von hervorragenden jüngeren deutschen Mathematikern, die für kürzere oder längere Zeit am Eidgenössischen Polytechnikum tätig waren und anschliessend auf Lehrstühle in Deutschland berufen wurden. Schon vor dem Weggang Dedekinds nach Braunschweig 1862 wurde seine Stelle ausgeschrieben.[12] Unter den zahlreichen Bewerbern, die sich gemeldet hatten, befand sich der Berliner Privatdozent Rudolf Lipschitz. Dieser lehnte nach Verhandlungen mit Kappeler im Februar 1862 das Angebot zu Gunsten einer Professur in Breslau ab. Inzwischen hatte Kappeler aber Alfred Clebsch und Elwin Bruno Christoffel als Kandidaten gewinnen können. Clebsch erhielt schliesslich im August 1862 eine Berufung durch den Bundesrat, schlug diese aber aus und nahm statt dessen eine Professur in Giessen an. Zwei Wochen später konnte Christoffel die Nachfolge Dedekinds antreten.

Elwin Bruno Christoffel wurde 1829 in Montjoie (Rheinpreussen) geboren. Nach dem Gymnasium in Köln studierte Christoffel in Berlin bei Eisenstein, Dirichlet und Steiner und promovierte 1856 bei Ohm. 1859 erfolgte seine Habilitation. 1862 kam er ans Eidgenössische Polytechnikum in Zürich, ab 1866 war er dort Vorstand der neu konzipierten Abteilung für Fachlehrer in Mathematik und Naturwissenschaften. 1869 erhielt er einen Ruf an die Gewerbeakademie Berlin, von wo er 1872 nach Strassburg berufen wurde. Er starb am 15. März 1900 in Strassburg.

Christoffel veröffentlichte während der Jahre in Zürich nicht weniger als dreizehn Arbeiten. Darunter befindet sich die Arbeit «Über die Transformation der homogenen Differentialausdrücke zweiten Grades» (1869), in welcher er die bekannten Christoffelsymbole der Differentialgeometrie einführte. Weitere wichtige Arbeiten betreffen die Funktionentheorie, automorphe Funktionen, Kettenbrüche u.a.

Während der Zeit Christoffels in Zürich ergaben sich für die Mathematik eine ganze Reihe von Verbesserungen. Bereits 1863 wurde eine weitere Mathematikprofessur bewilligt. Unter den Bewerbern befand sich der von Christoffel empfohlene junge Riemann-Schüler Friedrich Emil Prym. Kappeler trug sich aber mit dem Gedanken, Dedekind wiederum nach Zürich zu holen. Erst nachdem dieser abgelehnt hatte, wurde Prym berufen. Er trat seine Stelle 1865 an.

Friedrich Emil Prym wurde 1841 in Düren (Rheinland) als Sohn eines reichen Tuchfabrikanten geboren. Nach dem Besuch des dortigen Gymnasiums studierte er in Berlin, Göttingen und Heidelberg und promovierte 1863 in Berlin. Schon im Alter von 24 Jahren wurde er 1865 Professor am Eidgenössischen Polytechnikum in Zürich. Der inzwischen von Zürich nach Würzburg berufene Physiker Clausius holte Prym 1869 nach Würzburg. Einen Ruf an die Universität Strassburg lehnte er ab. Nach seinem Rücktritt im Jahre 1909 wurde er zum Ehrenbürger der Stadt Würzburg ernannt. Er starb 1915 in Bonn.

In seinen wissenschaftlichen Arbeiten hat sich Prym vor allem um die Verbreitung der Riemannschen Ideen zur Funktionentheorie verdient gemacht. Neben Zeitschriftenartikeln hat er auch ein Buch veröffentlicht, das während seiner Tätigkeit in Würzburg verfasst worden ist.

In dieselbe Zeit fiel die Nachfolgeregelung des im Jahre 1866 verstorbenen Deschwanden. Vorerst übernahm Carl Theodor Reye Deschwandens Vorlesungen.

Carl Theodor Reye wurde 1838 in Cuxhaven (Hamburg) geboren. Nach seinem Studium in Maschinenbau und Mathematik an den Polytechnischen Schulen in Hannover und Zürich promovierte er 1861 im Fach Mathematik an der Universität Göttingen. Ab 1863 übernahm er Lehraufgaben am Eidgenössischen Polytechnikum und las auf Veranlassung von Culmann für Bauingenieure eine Vorlesung über Projektive Geometrie. 1867 erhielt er den Titel eines Professors. 1870 wurde er zum Professor der Geometrie und graphischen Statik ans neugegründete Polytechnikum in Aachen berufen, 1872 bis 1908 war er zusammen mit Christoffel an der Universität Strassburg als Professor für Mathematik tätig. Er starb 1919 in Würzburg.

Reye veröffentlichte wissenschaftliche Arbeiten in Mechanik, Physik, Meteorologie und Mathematik. In der Mathematik sind besonders seine Lehrbücher hervorzuheben, darunter das zweiteilige Werk «Die Geometrie der Lage» (1866–1868), das in mehreren Auflagen erschien.

Die Nachfolge von Deschwanden konnte erst 1867 endgültig geregelt werden; berufen wurde Wilhelm Fiedler.

Wilhelm Fiedler wurde 1832 in Chemnitz (Sachsen) geboren. Nach dem Besuch der höheren Gewerbeschule in Chemnitz und der Bergakademie in Freiberg (Sachsen) war er als Lehrer für Mathematik und Mechanik an der höheren Gewerbeschule in Chemnitz tätig. Daneben bildete er sich autodidaktisch in Mathematik weiter. 1859 konnte er mit seiner Dissertation «Die Zentralprojektion als geometrische Wissenschaft» bei Möbius in Leipzig promovieren. 1864 wurde er an das Polytechnikum in Prag berufen, und 1867 erfolgte die Berufung als Professor für Geometrie und Geometrie der Lage an das Eidgenössische Polytechnikum in Zürich, wo er über eine sehr lange Zeit, bis 1907, tätig blieb. Er starb 1912 in Zürich.

Seine zahlreichen Bücher über Darstellende Geometrie und über die Geometrie der Lage, insbesondere seine Übersetzung und Bearbeitung der Werke des englischen Mathematikers George Salmon waren im deutschen Sprachraum sehr einflussreich. Scholz[13] spricht deshalb vom damals «führende[n] Vertreter der Idee einer Verbindung von projektiver und darstellender Geometrie». Felix Klein berichtet im Kommentar zur abgedruckten Dissertation in den Gesammelten Mathematischen Abhandlungen[14], wie sehr ihn während der Arbeit an seiner Dissertation die Werke von Salmon-Fiedler beeinflusst haben. Als Dozent verlangte Fiedler sehr viel Zeichenarbeit von seinen Studenten, und er war wegen seiner schulmeisterlichen Art nicht sehr beliebt. Mehr als einmal musste sich der Schulrat mit Studentenpetitionen beschäftigten, die gegen Fiedler gerichtet waren.

Nach wie vor bildete die schlechte Vorbereitung der neueintretenden Studenten ein grosses Problem. Dies war insbesondere auf einen Mangel an gut ausgebildeten Lehrern für Mathematik und Naturwissenschaften zurückzuführen. Eine Reform der Lehrerausbildung in diesen Fächern erschien deshalb dringlich. Kappeler ergriff die günstige Gelegenheit, um gleichzeitig ein anderes, ihm am Herzen liegendes Ziel zu verfolgen. Die bis anhin grosse Freiheit, welche die Professoren und Studenten an der sechsten Abteilung genossen, war ihm ein Dorn im Auge.

Es kam vor, dass Studenten dieser Abteilung, die den strengen Studienvorschriften des Polytechnikums ausweichen wollten, an die Universität wechselten. Als solche konnten sie dann die gleichen Kurse besuchen, ohne den strengen Kontrollen unterworfen zu sein. Kappeler war nicht nur der Meinung, dass die Hörer von der Universität «einen ungünstigen Einfluss auf die Disziplin der ‚Polytechniker' ausüb[t]en» [15], sondern er beklagte sich auch, dass die Professoren, die an beiden Schulen tätig waren, den Bedürfnissen des Polytechnikums oft zu wenig Beachtung schenkten. Er versuchte deshalb, gleichzeitig mit der Gründung der Fachlehrerschule im Jahre 1866 die damaligen engen Verflechtungen mit der Universität zu lockern. In der Reformangelegenheit zog Kappeler Elwin Christoffel als engen Berater hinzu; vieles an der Neuordnung geht zweifellos auf diesen zurück. Die Abteilung VI erhielt neu den Namen «Abteilung für Fachlehrer in Mathematik und Naturwissenschaften». Sie war damit den übrigen Abteilungen gleichgestellt, insbesondere was die strenge Studienordnung und die Aufnahmebedingungen betraf. Der bis dahin freie Studienbetrieb wie auch die Lern- und Lehrfreiheit in der Ausbildung von Fachlehrern wurde stark eingeschränkt. Bei vielen Professoren stiessen allerdings diese Neuerungen auf Widerstand; sie bedauerten, dass am Eidgenössischen Polytechnikum «die Peitsche des Kutschers vernehmlicher knalle, als es dem Range des Institutes entspreche» [16]. Der bisherige Vorstand der VI. Abteilung, der Physiker Clausius, wollte aus diesem Grund das Vorstandsamt nicht wieder übernehmen; der Schulrat, der damals die Vorstände der Abteilungen ernannte, bestimmte als Nachfolger durchaus folgerichtig Elwin Christoffel. Die Grundlagenfächer Mathematik und Physik haben von der Neuordnung langfristig zweifellos profitiert. In eindeutiger Weise wurde übrigens in den Reglementen festgelegt, dass die Ausbildung der Fachlehrer eine wissenschaftliche und keine pädagogische sein solle. Dieser Trend hin zur Wissenschaft wurde im Fach Mathematik noch dadurch verstärkt, dass zur gleichen Zeit, ebenfalls auf Betreiben Christoffels, ein mathematisches Seminar eingeführt wurde, welches weitgehend unabhängig von den anderen Abteilungen und auch von der Fachlehrerausbildung die Mathematik als Wissenschaft pflegen sollte. Christoffel benutzte hier Vorbilder, wie sie damals bereits seit einigen Jahren an verschiedenen deutschen Universitäten zu finden waren, etwa in Bonn (seit 1825), Halle (seit 1838), Göttingen (seit 1850), Berlin (seit 1860). Im Organisationsreglement folgte er weitgehend dem Wortlaut desjenigen von Berlin. Kappeler liess sich in dieser Sache von verschiedenen Seiten (Hesse, Kummer, Weber u.a.) beraten, bevor der Schulrat das Vorhaben dann bewilligte.

1868 erhielt Christoffel ein Angebot der preussischen Regierung für eine Stelle an der Gewerbeakademie in Berlin. Christoffel war interessiert, aber Kappeler versuchte ihn in Zürich zu halten, indem er ihm eine Verbesserung der Stellung anbot. Obschon er mündlich zugesagt hatte, in Zürich zu bleiben, nahm Christoffel den Ruf nach Berlin schliesslich doch an. Ebenfalls im Jahr 1869 folgte Prym einem Ruf nach Würzburg. Damit waren am Polytechnikum kurzfristig zwei Stellen neu zu besetzen.

Schon im November 1869 unternahm Kappeler eine Reise durch Deutschland, um mögliche Kandidaten kennenzulernen. Bei seinem Aufenthalt in Greifswald besuchte er Königsberger in dessen Vorlesung. Dieser schilderte in seiner Autobiographie[17] Kappelers Besuch in sehr lebendiger Weise. Königsberger lehnte den Ruf auf die Stelle von Christoffel ab. Für die Stelle von Prym versuchte Kappeler, wohl auf Empfehlung von Christoffel, Hermann Amandus Schwarz zu gewinnen; aber auch dieser lehnte ab. Erst als Schwarz nach der Ablehnung von Königsberger die besser bezahlte und mit mehr Prestige versehene Nachfolge von Christoffel angeboten wurde, nahm er an.

> Hermann Amandus Schwarz wurde 1843 in Hermsdorf (Schlesien) geboren. Nach dem Besuch des Gymnasiums in Dortmund studierte er ab 1860 am Gewerbeinstitut und an der Universität in Berlin Mathematik und Naturwissenschaften. Er promovierte 1864 bei Weierstrass und habilitierte sich 1866 an der Universität Berlin. Bereits 1867 wurde er ausserordentlicher Professor in Halle, und 1869 erreichte den 26jährigen der Ruf an das Eidgenössische Polytechnikum in Zürich. 1875 wurde er von dort nach Göttingen berufen, und 1892 übernahm er die Nachfolge von Weierstrass an der Universität Berlin, wo er bis 1917 tätig blieb. Er starb 1921 in Berlin.
>
> Schwarz beschäftigte sich u.a. mit dem Riemannschen Abbildungssatz und dem Dirichletproblem. Für den Nachweis der Existenz einer Lösung der Laplace-Gleichung benützte er das heute so genannte Schwarzsche Spiegelungsprinzip und das Schwarzsche Lemma. Noch grundlegender ist der Satz von Schwarz über die partiellen Ableitungen. Die Schwarzsche Ungleichung entdeckte er im Zuge seiner Arbeiten zur Abschätzung von Eigenwerten.

Die Nachfolge von Prym konnte erst ein Jahr später, nämlich 1870, geregelt werden. Berufen wurde der in Heidelberg tätige Heinrich Weber.

> Heinrich Weber wurde 1842 in Heidelberg geboren. Er studierte in Heidelberg, Leipzig und Königsberg und promovierte 1863 in Heidelberg, wo er 1866 Privatdozent und 1869 ausserordentlicher Professor wurde. Ab 1870 wirkte er am Eidgenössischen Polytechnikum in Zürich. 1875 folgte er einem Ruf an die Universität Königsberg, wo Hilbert und Minkowski zu seinen Schülern gehörten. Nach einem kurzen Aufenthalt an der Gewerbeakademie Berlin kam er 1884 an die Universität Marburg, 1892 an die Universität Göttingen und 1895 an die Universität Strassburg, wo er 1913 starb.
>
> Weber hat eine ganze Reihe von bedeutenden Beiträgen sowohl zur Algebraischen wie zur Analytischen Zahlentheorie verfasst, insbesondere über abelsche Körper und über elliptische Funktionen. Zusammen mit Dedekind hat er in den siebziger Jahren die Gesammelten Werke von Riemann herausgegeben. Sein dreibändiges umfassendes Lehrbuch über Algebra (1894/1896/1908) hat über lange Jahre einen grossen Einfluss auf die Entwicklung dieses Gebietes ausgeübt.

Nach langer Lehrtätigkeit am Polytechnikum, zuerst im Lehrauftrag und anschliessend als Honorarprofessor, wurde Carl Friedrich Geiser 1873 ordentlicher Professor für Höhere Mathematik. Er sollte die weitere Entwicklung der Schule in vielfältiger Weise wesentlich beeinflussen.

> Carl Friedrich Geiser wurde 1843 in Langenthal (Kanton Bern) geboren. Er absolvierte von 1859 bis 1861 die mechanisch-technische Abteilung der Eidgenössischen Polytechnischen Schule. Einige Zeit verbrachte er auch bei seinem Grossonkel Jakob Steiner in Berlin. 1866 promovierte er als erster Doktorand bei dem Steiner-Schüler Ludwig Schläfli

in Bern. Nachdem er bereits seit 1863 am Eidgenössischen Polytechnikum unterrichtet hatte, erhielt er 1869 den Titel eines Professors und wurde 1873 ordentlicher Professor für Höhere Mathematik. Nach dem Weggang Webers 1875 übernahm er die Vorlesungen über Analytische Mechanik an den Ingenieurabteilungen. Zweimal bekleidete er das Amt des Direktors des Eidgenössischen Polytechnikums, nämlich von 1881 bis 1887 und von 1891 bis 1895. Geiser genoss das Vertrauen des Schulratspräsidenten Kappeler in hohem Masse und spielte eine diskrete, aber wichtige Rolle bei den Berufungen von Mathematikern. Es war wohl seiner anerkannten Autorität und seinen zahlreichen Beziehungen zu verdanken, dass 1897 der erste Internationale Mathematiker-Kongress unter seiner Präsidentschaft in Zürich stattfinden konnte. Er trat 1913 in den Ruhestand. Aus Anlass seines 75. Geburtstages wurde er 1918 Ehrendoktor der ETH. Er starb hochbetagt 1934 in Küsnacht.

In seinen wissenschaftlichen Arbeiten beschäftigte er sich vornehmlich mit Algebraischer Geometrie in der Tradition seines Grossonkels Jakob Steiner.

Für die Nachfolge von Hermann Amandus Schwarz konnte 1875 Georg Ferdinand Frobenius gewonnen werden.

Georg Ferdinand Frobenius wurde 1849 in Berlin geboren. Nach dem Besuch des Gymnasiums studierte er zuerst in Göttingen und dann in Berlin, wo er 1870 promovierte. Nach vier Jahren Lehrtätigkeit an Gymnasien wurde er als ausserordentlicher Professor auf eine speziell für ihn geschaffene Stelle an die Universität Berlin berufen. 1875 erhielt er, erst 26jährig, den Ruf zum Professor für Höhere Mathematik am Eidgenössischen Polytechnikum in Zürich. Frobenius wirkte 17 Jahre lang in Zürich. 1892 kehrte er als Nachfolger von Kronecker nach Berlin zurück. Er starb 1917 in Berlin.

Während seiner Zürcher Zeit amtete er von 1880 bis 1892 als Vorstand der VI. Abteilung. Seine wissenschaftlichen Arbeiten, die in den Zürcher Jahren entstanden sind, handeln in erster Linie von Differentialgleichungen und elliptischen Funktionen. Jedoch bemerkte er in seiner Antrittsrede an der Berliner Akademie 1893: «Die Behandlung algebraischer Fragen übte von Anfang an einen besonderen Reiz auf mich aus, und zu ihnen bin ich mit Vorliebe immer wieder zurückgekehrt, wenn ich nach anstrengenden analytischen Arbeiten einer Ruhepause bedurfte.» [18] Die berühmte Bestimmung der reellen Divisions-Algebren stammt aus seiner Zürcher Zeit (1877). In Berlin beschäftigte er sich ab 1896 intensiv mit der Theorie der Darstellungen von Gruppen durch lineare Substitutionen. In rascher Folge veröffentlichte er eine ganze Reihe von Arbeiten, in denen er diesen neuen Zweig der Mathematik entwickelte.

Biermann bemerkt, dass Frobenius ein «ausserordentlich streitbarer, aggressiver, zu Ausfällen neigender, und in seiner Abneigung gegen Personen wie Dinge bisweilen massloser Mann» [19] war. Besonders auf die Göttinger Mathematiker war er im allgemeinen nicht gut zu sprechen.

In den ersten Jahren von Frobenius' Tätigkeit in Zürich befand sich auch Ludwig Stickelberger am Eidgenössischen Polytechnikum.

Ludwig Stickelberger wurde 1850 in Buch (Kanton Schaffhausen) geboren. Stickelberger studierte in Heidelberg und Berlin, wo er 1874 bei Weierstrass promovierte. Ab diesem Jahr bis 1879 übernahm er Lehraufgaben am Eidgenössischen Polytechnikum in Zürich. 1879 wurde er als ausserordentlicher Professor an die Universität Freiburg i.Br. berufen, wo er 1896 zum ordentlichen Professor befördert wurde. Er trat 1919 zurück und starb 1936 in Basel.

Stickelberger hat eine grosse Anzahl von Beiträgen zur Zahlentheorie und Algebra verfasst.

Nachdem die Zahl der Schüler bis zum Jahr 1875/76 auf 725 und die der Zuhörer auf 289 zugenommen hatte, ging sie in den nachfolgenden Jahren stark zurück. So zählte man 1882 nur noch 408 Schüler.[20] Der Rückgang war wesentlich dadurch bedingt, dass in diesen Jahren die Nachbarländer ihre Technischen Hochschulen rasch ausbauten. Die bis anhin zahlreichen ausländischen Schüler blieben deswegen mehr und mehr weg und absolvierten ihre Studien im eigenen Land. Diese Entwicklung wirkte sich auch auf den Lehrkörper aus. Das Eidgenössische Polytechnikum hatte bisher in erheblichem Ausmass von guten ausländischen Lehrkräften profitieren können. Solche liessen sich aber jetzt nicht mehr so leicht gewinnen, da ihnen im eigenen Land an den neuen Hochschulen ebenso gute Stellungen offen standen. Diese Schwierigkeit war wohl neben den knappen Geldmitteln der Grund dafür, dass die Lehrstelle, die Prym und später Weber eingenommen hatte, seit dem Jahre 1875 nicht mehr besetzt worden war. Auf das Jahr 1882 hin verbesserten sich die finanziellen Rahmenbedingungen, so dass der Schulrat wieder an eine Besetzung denken konnte.[21] Dabei wünschte der Schulrat «lebhaft, die Lehrstelle durch einen Dozenten französischer Zunge» zu besetzen, und er wandte sich deshalb an Hermite, Darboux und Mannheim mit der Bitte, «geeignete Gelehrte» zu bezeichnen. Nach verschiedenen Absagen nahm man schliesslich auch zwei jüngere, vielversprechende Mathematiker in Aussicht: Émile Picard und Henri Poincaré. Aber der Schulrat musste am Schluss feststellen: «Die wiederholten und beharrlichen Bemühungen blieben gänzlich ohne Erfolg.» Das Vorhaben scheiterte einerseits am engen Finanzrahmen, andererseits daran, dass die französischen Wissenschaftler im Hinblick auf eine Karriere in Frankreich die «Verbindung mit der franz. Hierarchie» nicht verlieren wollten. Es blieb nichts anderes übrig, als sich wiederum in Deutschland umzusehen. Hier empfahl Weierstrass den in Breslau tätigen Privatdozenten Friedrich Schottky. Dieser besitze unter den jüngeren Mathematikern «die meiste Begabung für tiefere mathematische Speculation». Weierstrass fügte allerdings einschränkend hinzu: «Aber Schottky ist ein eigenthümlicher Mensch. Er hat etwas von einem Träumer in sich und zeigt sich im praktischen Leben wenig geschickt.» Nach einer Reise nach Breslau beantragte Kappeler beim Schulrat und anschliessend beim Bundesrat Schottky zur Wahl für vorerst drei Jahre, wobei er anfügte: «[Schottky] zeigt neben dem Ernste der Forschung auch als Dozent auf dem Katheder so gute Anlagen, dass wir von ihm schon für die nächste Zukunft das Allerbeste erwarten dürfen.»

Friedrich Hermann Schottky wurde 1851 in Breslau geboren. Er studierte zuerst in Breslau und dann in Berlin, wo er 1875 promovierte. Ab 1878 war er Privatdozent in Breslau. 1882 erreichte ihn der Ruf als Professor für Höhere Mathematik, vorzugsweise Funktionentheorie, an das Eidgenössische Polytechnikum. Er blieb in Zürich bis zu seiner Berufung an die Universität Marburg im Jahre 1892. Von dort wurde er 1902 auf Betreiben von Frobenius an die Universität Berlin berufen. Er trat 1923 zurück und starb 1935 in Berlin.

In seinen wissenschaftlichen Arbeiten beschäftigte sich Schottky hauptsächlich mit der Funktionentheorie, insbesondere mit der Theorie der abelschen und der Thetafunktionen. Der Schottkysche Satz ist eine Verallgemeinerung des Picardschen Satzes der Funktionentheorie. Wichtige Beiträge lieferte er auch zur Uniformisierungstheorie.

Anlässlich seines 80. Geburtstages charakterisierte die ETH Zürich in ihrem Glückwunschschreiben Schottky wie folgt: «[ein] reine[r] Vertreter jenes Gelehrtentums, das gleichgültig gegen die Güter dieser Welt die bescheidene und weise Einfalt besitzt, die das Zeichen hoher Gedanken ist und die den Dichter und Träumer verrät.» [22]

Als Nachfolger von Méquet, der 1886 aus gesundheitlichen Gründen zurücktrat, wurde Jérôme Franel gewählt.

Jérôme Franel wurde 1859 in Travers (Kanton Neuenburg) geboren. Nach Schulen in Travers und einem kurzen Aufenthalt an der École Industrielle in Lausanne studierte Franel Mathematik am Eidgenössischen Polytechnikum in Zürich. Er setzte dann seine Studien in Berlin und Paris fort. Dort erwarb er 1883 die «Licence ès mathématiques» der Académie de Paris. Anschliessend wurde er Lehrer an der École Industrielle in Lausanne. 1886 wurde er als Nachfolger seines ehemaligen Lehrers Méquet als Professor für Höhere Mathematik in französischer Sprache an das Eidgenössische Polytechnikum in Zürich berufen. Von 1905 bis 1909 war er Direktor der Schule. Er trat 1929 zurück und starb 1939 in Zürich.

In seinen mathematischen Arbeiten hatte er sich zuerst mit Problemen aus der Algebraischen Geometrie und später mit solchen der Analytischen Zahlentheorie beschäftigt. Auch hat er sich um Beweise der Riemannschen und der Fermatschen Vermutung bemüht.

1881 erfolgte eine Revision der Reglemente des Eidgenössischen Polytechnikums. Eine Bestimmung betraf den mathematischen Vorkurs. Er wurde jetzt abgeschafft, denn er hatte seine Berechtigung weitgehend verloren, da sich in der Zwischenzeit die Qualität der vorbereitenden Schulen stark verbessert hatte. Wichtiger als dieses Organisationsdetail war für die weitere Entwicklung, dass die neuen Vorschriften eine Liberalisierung sowohl des Studienbetriebs wie auch der Leitung des Polytechnikums beinhalteten. Die Schüler erhielten ab dem dritten Jahreskurs eine grössere Freiheit bei der Fächerauswahl, und dem Lehrkörper wurden grössere Mitwirkungsrechte bei der Leitung der Anstalt eingeräumt. So erhielten die Professoren ein Vorschlagsrecht für das Amt des Direktors. Aber auch nach dieser Revision fühlten sich die Schüler, besonders wenn sie ihre Situation mit derjenigen der Studenten an der Universität verglichen, immer noch zu stark eingeschränkt. Der Unmut entlud sich 1885 aus einem geringfügigen Anlass, als die erregten Studenten Demonstrationen veranstalteten, die mehrere Tage dauerten. Eine Gruppe zog sogar nach Küsnacht und führte dort vor dem Wohnhaus Geisers, der damals Direktor des Polytechnikums war, eine Katzenmusik mit allen denkbaren Lärminstrumenten auf. Wohl nur dem geschickten Verhalten von Kappeler war es zu verdanken, dass sich die Lage wieder beruhigte.

Nur wenige Jahre später, 1888, starb Kappeler im Alter von 72 Jahren an einem Herzschlag im Büro. Als Nachfolger wurde Hermann Bleuler (1837–1912, im Amt 1888–1905) bestimmt, ein ehemaliger Absolvent der mechanisch-technischen Abteilung der Schule und prominenter hoher Offizier. Bleuler war mit den Geschäften des Schulrates bestens vertraut, war er doch schon mehrere Jahre lang Mitglied und seit 1882 sogar Vizepräsident des Schulrates gewesen. Wie seine beiden Vorgänger besuchte er die Dozenten nicht selten in den Vorlesungen. «Wie ein ehemaliger Polytechniker aus eigener Erinnerung berichtet, huschte gelegentlich im letzten Augenblick, bevor der Dozent eintrat, ‚das kleine bärtige Männchen‘ in den Hörsaal, sass während des ganzen Vortrags zusammengesunken und mit geschlossenen

Augen in der hintersten obersten Bankreihe und machte äusserlich den Eindruck völliger Teilnahmslosigkeit [...]»[23]. Bleuler blieb bis 1905 im Amt und starb 1912.

Orelli hatte nach der Aufhebung des Vorkurses 1881 Vorlesungen über Differential- und Integralrechnung übernommen. Als er 1885 zurücktrat, wurde diese Aufgabe Ferdinand Rudio übergeben, der gleichzeitig den Titel eines Professors erhielt. Erst 1889 wurde Rudio dann zum ordentlichen Professor befördert.

> Ferdinand Rudio wurde 1856 in Wiesbaden geboren. Nach dem Besuch der dortigen Schulen studierte er ab 1874 am Eidgenössischen Polytechnikum in Zürich, und anschliessend, ab 1880, in Berlin. Dort doktorierte er bei Kummer. Nach seiner Rückkehr nach Zürich erhielt er 1885 am Eidgenössischen Polytechnikum den Titel eines Professors, und 1889 wurde er dort ordentlicher Professor für Höhere Mathematik. Er trat 1927 zurück und starb 1929.
>
> Rudio hat nur unbedeutendere wissenschaftliche Arbeiten verfasst. Besser bekannt sind seine Arbeiten zur Geschichte der Mathematik. Als Bibliothekar des Eidgenössischen Polytechnikums hat er viel zur wachsenden Bedeutung dieser grössten technischen Bibliothek in der Schweiz beigetragen. Besonderes Verdienst erwarb er sich um die Herausgabe der Werke von Euler.

1892 erhielt Frobenius einen Ruf nach Berlin, den er annahm, obschon ihm in Zürich eine Erhöhung der Besoldung angeboten wurde. Der Schulrat stellt in einem Schreiben bei dieser Gelegenheit fest, Frobenius habe während seiner 17jährigen Tätigkeit «wesentlich zur Befestigung und Erhöhung [des] wissenschaftlichen Rufes»[24] des Eidgenössischen Polytechnikums beigetragen. Da der Schulrat die Stelle als eine «der wichtigsten und bedeutungsvollsten» der Schule einstufte, hielt er frühzeitig Umschau nach einem «hervorragenden Gelehrten» und «tüchtigen Lehrer». Der Schulratspräsident, Bleuler, begab sich auf eine «Forschungsreise» nach Deutschland, die ihn hauptsächlich nach Königsberg und Berlin führte. In Königsberg machte er dem dort tätigen Ordinarius Carl Lindemann ein Angebot, der aber nach kurzer Bedenkzeit ablehnte. Es gelang Bleuler dann, den jungen ausserordentlichen Professor Adolf Hurwitz zu gewinnen, obschon dieser fast gleichzeitig einen Ruf als Nachfolger von Hermann Amandus Schwarz nach Göttingen erhalten hatte. Im Antrag an den Bundesrat schrieb Bleuler über Hurwitz, dieser sei wohl einer der «bedeutendsten unter den jetzigen jungen deutschen Gelehrten der Mathematik». Ausserdem zeichne er sich durch einen «guten, geordneten, ansprechenden Vortrag» aus, so dass die Zuversicht bestehe, dass die Schule in ihm einen tüchtigen Lehrer erhalten werde.

> Adolf Hurwitz wurde 1859 in Hildesheim (Hannover) geboren. Von 1877 bis 1881 studierte er Mathematik in München, Berlin und Leipzig, wo er bei Felix Klein mit einer Arbeit über Modulfunktionen promovierte. 1882 habilitierte er sich in Göttingen und kam 1884 als Extraordinarius nach Königsberg, wo Minkowski und Hilbert zu seinen Schülern gehörten. 1892 erhielt er einen Ruf an das Polytechnikum Zürich als Nachfolger von Georg Frobenius. Hurwitz, der zeit seines Lebens Probleme mit seiner Gesundheit hatte, musste 1919 krankheitshalber zurücktreten. Wenige Monate später starb er.
>
> Hurwitz hielt von 1892 bis 1902 hauptsächlich die Vorlesung über Differentialrechnung. Daneben las er aber auch speziell für die Mathematiker über analytische Funktionen, alge-

braische Funktionen, Invariantentheorie, Transformationsgruppen, Systeme höherer komplexer Zahlen. Als Minkowski 1902 von Zürich nach Göttingen berufen wurde, übernahm Hurwitz dessen Stelle am mathematischen Seminar. Die Themen seiner Vorlesungen umfassten in der Folge ein sehr weites Gebiet: Fourierreihen, Algebra, Idealtheorie, Axiome der Arithmetik und Geometrie, Funktionentheorie, elliptische Funktionen, Zahlentheorie, algebraische Gleichungen.

Hurwitz hatte zahlreiche Doktoranden, die bis 1909, als das Eidgenössische Polytechnikum das Promotionsrecht erhielt, meistens an der Universität Zürich — formell unter H. Burkhardt, mit Hurwitz als zweitem Referenten — promovierten. Die Persönlichkeit von Hurwitz hat sein Kollege Ernst Meissner in seiner Gedächtnisrede wie folgt beschrieben: «Als Mensch war Hurwitz ein im schönsten Sinne ausgeglichener Charakter, ruhig und besonnen, gütig und leidenschaftslos im Urteil. [...] Still und zurückgezogen lebte er der Wissenschaft und seinen mannigfaltigen Interessen, unter denen die Musik an vorderster Stelle stand.» [25]

Wohl wegen der schnell wachsenden Studentenzahlen wurde am Polytechnikum 1894 eine neue Professur geschaffen, nämlich für Darstellende Geometrie in französischer Sprache. Damit konnten nun beide mathematischen Grundvorlesungen für die Ingenieurausbildung sowohl deutsch wie auch französisch angeboten werden. An die neue Stelle wurde Marius Lacombe berufen.

Marius Lacombe wurde 1862 in Lausanne geboren. Er wurde 1892 Professor an der Université de Lausanne und 1894 Professor für Darstellende Geometrie in französischer Sprache am Eidgenössischen Polytechnikum. 1908 kehrte er wieder an die Université de Lausanne zurück. Er starb 1938 in Chexbres (Kanton Waadt).

Die Stelle von Schottky war seit 1892 verwaist. Der Schulrat wollte sie erst wieder besetzen, wenn sich die Gelegenheit ergab, einen erstklassigen Gelehrten zu berufen.[26] Eine solche zeigte sich 1896. An der Universität Zürich war Arnold Meyer gestorben, und man versuchte dort, als seinen Nachfolger Hermann Minkowski zu gewinnen. Da es aber am notwendigen Geld mangelte, wandte sich die Erziehungsdirektion des Kantons Zürich an den Schweizerischen Schulrat mit der «konfidentiellen» Anfrage, ob die Errichtung einer gemeinsamen Professur möglich wäre, wobei die Kosten der Besoldung geteilt würden. Der Schulrat und auch Minkowski, mit dem Geiser verhandelte, stimmten dem Plan zu, aber der Bundesrat äusserte Bedenken. Offenbar sah er eine neuerliche Verflechtung der beiden Hochschulen nicht gerne, nachdem die Aufteilung der Kosten zwischen der Eidgenossenschaft und dem Kanton Zürich in früheren Jahren immer wieder zu Streitigkeiten geführt hatte. In vollem Bewusstsein, mit Minkowski einen «ganz ausgezeichneten Kandidaten» gewinnen zu können, schlug der Schulrat in seinem Brief vom 2. September 1892 dem Bundesrat in einem Eventualantrag vor, Minkowski ganz an das Polytechnikum zu berufen, wobei allerdings der fehlende Teil der Besoldung vom Bundesrat zusätzlich und ausserhalb des Budgets zu bewilligen wäre. Diesem Eventualantrag stimmte der Bundesrat schliesslich zu.

Hermann Minkowski wurde 1864 in Alexoten (Russland) geboren. Schon 1880 begann er sein Studium an der Universität Königsberg, u.a. bei Heinrich Weber und Adolf Hurwitz. David Hilbert, der zur gleichen Zeit in Königsberg studierte, war ein enger Studienfreund Minkowskis. Minkowski setzte anschliessend sein Studium in Berlin fort. Im April 1883 gewann er als Achtzehnjähriger den Grand Prix des Sciences Mathématiques der Pariser Akademie. Er löste das gestellte Problem über die Anzahl der Darstellungen einer ganzen Zahl als Summe von fünf Quadraten. 1885 promovierte er in Königsberg mit einer Arbeit über quadratische Formen. 1887 habilitierte er sich in Bonn und wurde dort 1892 zum ausserordentlichen Professor ernannt. Zwei Jahre später übernahm er die Nachfolge von Hilbert in Königsberg. 1896 folgte er dem Ruf zum Professor für Höhere Mathematik an das Polytechnikum in Zürich. Schon 1902 holte ihn Hilbert auf einen speziell für Minkowski geschaffenen Lehrstuhl nach Göttingen. Er starb 1909 an einer Blinddarmentzündung, die von den Ärzten zu spät erkannt worden war.

Während seiner sechs Zürcher Jahre hielt Minkowski hauptsächlich Vorlesungen für Mathematiker: Partielle Differentialgleichungen, Variationsrechnung, Geometrie der Zahlen, Funktionentheorie, Potentialtheorie, Elliptische Funktionen, Algebra, Zahlentheorie und Quadratische Formen. Zusätzlich gab er — wenigstens in den ersten Jahren — auch Vorlesungen über Analytische Mechanik, die auch von den Studierenden der mechanisch-technischen Abteilung besucht wurden.

Minkowski war ein äusserst vielseitiger Mathematiker, dessen Interessen sich von der Zahlentheorie bis zur Physik erstreckten. Er hat als erster die grosse Bedeutung der konvexen Punktmengen für die Zahlentheorie erkannt und damit ein ganz neues Forschungsgebiet geschaffen. Diese Theorie hat er in seinem epochemachenden Buch «Geometrie der Zahlen» dargestellt, das 1896 erschien und von dem Hermite in einem Brief sagte: «Je crois voir la terre promise».[27] Minkowski sind ausserdem tiefliegende Resultate in der Theorie der quadratischen Formen zu verdanken. Seine Einführung in die Zahlentheorie «Diophantische Approximationen» ist 1907 erschienen. Auch in der Physik hat Minkowski wichtige Beiträge zu verschiedenen Gebieten geliefert. Der Artikel über Kapillarität in der Enzyklopädie der mathematischen Wissenschaften stammt aus seiner Zürcher Zeit. Seine Neuformulierung der Relativitätstheorie in der vierdimensionalen Raum-Zeit-Mannigfaltigkeit war eine seiner letzten Schöpfungen.

Minkowski hatte in Königsberg zusammen mit Hilbert bei Hurwitz studiert, und es entstanden damals enge wissenschaftliche und auch freundschaftliche Kontakte. Diese konnten jetzt in Zürich weiter gepflegt werden. Mit seinem Göttinger Freund David Hilbert führte Minkowski von Zürich aus einen intensiven Briefwechsel. Die beiden besprachen darin ihre Probleme in einer sehr offenen Art, teilten sich gegenseitig ihre Sorgen mit und fragten einander um Rat. Nur wenige Monate nach seiner Übersiedlung nach Zürich berichtet Minkowski über seine ersten etwas enttäuschenden Erfahrungen: «Trotz aller Bemühungen, die ich mir für meine Vorlesung über analytische Mechanik gebe [...] ist das Häuflein [der Zuhörer] doch stark zusammengeschmolzen. Die Leute, und auch die tüchtigsten unter ihnen, sind gewohnt — wie Dr. Hirsch sagt [...] — dass man ihnen alles um den Mund schmiert. Zu jeder ihrer sonstigen Vorlesungen gehören stets Repetitorien und Übungen. Solche soll ich nicht abhalten, da die Leute schon sehr überhäuft sind, und da ich doch nicht immer bloss an der Oberfläche des behandelten Stoffes bleiben kann, ist die Folge, dass ich nur noch ein Drittel feste Zuhörer habe, während die anderen bloss sporadisch auftauchen. [...] Ich werde in der Popularisierung des Stoffes bis an die äusserst mögliche Grenze gehen müssen [...] So sehe ich ziemlich traurig in die weiteren Semester, viel solche Arbeit, die mir im Grunde wenig zu Gute kommt, anders, als ich mir die Sachlage bei Annahme des Rufes ausgemalt habe. Auch die eigentlichen Mathematiker, deren Zahl aber sehr gering ist, sind durch alle Collegien, die sie sonst hören müssen, so in Anspruch genommen, dass sie nur geniessen können, was ihnen zerschnitten und zerlegt nach gewaltsamer Öffnung des Mundes eingetrichtert wird.» [28]

Aus weiteren Briefen geht hervor, dass Minkowski und Hurwitz in Zürich die Korrekturen zum Zahlbericht Hilberts lasen. Anfangs 1900 schreibt Minkowski offenbar auf eine Anfrage von Hilbert wegen des Vortrages am bevorstehenden Mathematiker-Kongress in Paris: «Am anziehendsten würde der Versuch eines Vorblicks auf die Zukunft sein, also eine Bezeichnung der Probleme, an welche sich die künftigen Mathematiker machen sollten. Hier könntest Du unter Umständen erreichen, dass man von Deiner Rede noch nach Jahrzehnten spricht.» [29]

In Minkowskis Zürcher Zeit fällt der erste Internationale Mathematiker-Kongress, der vom 9. bis zum 11. August 1897 unter der Präsidentschaft Geisers stattfand. Es ist wohl vor allem den vielfältigen Beziehungen und dem organisatorischen Geschick Geisers zu verdanken, dass dieser Kongress überhaupt in Zürich stattfinden konnte.

In den 90er Jahren kam es am Eidgenössischen Polytechnikum zu keinen grösseren Reorganisationen. 1899 wurde ein neues Reglement geschaffen, das im wesentlichen den *status quo* genauer umschrieb. Statt Schüler hiessen die Lernenden jetzt Studierende, und für die Promotion von einem Jahreskurs zum nächsten wurden anstelle von Prüfungen Leistungsnoten eingeführt.

Als Minkowski 1902 Zürich verliess, übernahm Hurwitz dessen Stelle am mathematischen Seminar, insbesondere, was die Vorlesungen über die höheren Gegenstände betraf. Die einführenden Vorlesungen über Differential- und Integralrechnung, die Hurwitz bis zu diesem Zeitpunkt jährlich gelesen hatte, übernahm jetzt Arthur Hirsch, der gleichzeitig zum ordentlichen Professor befördert wurde.

> Arthur Hirsch wurde 1866 in Königsberg geboren. Er studierte von 1882 bis 1888 in Berlin und Königsberg, wo er 1892 promovierte. Darauf kam er als Assistent an die Eidgenössische Polytechnische Schule und ein Jahr später, 1893, übernahm er Lehrverpflichtungen. 1897 erhielt er den Titel eines Professors, und 1903 wurde er zum Ordinarius befördert. Er trat 1936 zurück und starb 1948.
>
> Hirsch arbeitete über Differentialgleichungen, Variationsrechnung und hypergeometrische Integrale höherer Ordnung.

1904/05 zählte das Eidgenössische Polytechnikum insgesamt 2028 Studierende und Zuhörer. In der Amtszeit Bleulers hatte sich also die Frequenz der Schule ungefähr verdoppelt. Unter den Studenten befanden sich damals etwa 800 Schweizer und 500 Ausländer. Im Jahre 1905 musste Bleuler wegen schwerer Krankheit von seinem Amt als Präsident des Schulrates zurücktreten. Als sein Nachfolger wurde Robert Gnehm (1852–1926, im Amt 1905–1926) gewählt. Wie Bleuler war Gnehm ein ehemaliger Absolvent der Eidgenössischen Polytechnischen Schule. Von 1899 bis 1905 war er Direktor der Schule. In diesem Amt wurde er durch Jérôme Franel abgelöst. Die grossen Feierlichkeiten zum 50jährige Bestehen des Eidgenössischen Polytechnikums fanden Ende Juli 1905 bereits unter der neuen Leitung statt.

2   Von der Jahrhundertwende bis in die dreissiger Jahre

In den Jahren 1905 bis 1908 fand, wie vorher schon an vielen Technischen Hochschulen Deutschlands, eine intensive Diskussion über Schulzwang und Studienfreiheit statt. Bis anhin waren — wenigstens in den unteren Semestern — für den Übertritt in den folgenden Jahreskurs Leistungsnoten massgebend, und es bestanden obligatorische Studiengänge. Diese Diskussionen führten schliesslich zur Reorganisation von 1908/09. Anstelle von Jahresnoten wurden nun Vordiplome eingeführt, und die obligatorischen Lehrgänge wurden durch Normalstudiengänge ersetzt. Gleichzeitig erhielt die Schule das Promotionsrecht. Dies war eine für die weitere Entwicklung wichtige Neuerung, denn bisher mussten Studenten des Polytechnikums, die doktorieren wollten, ihre Dissertation an der Universität Zürich einreichen. Auch Ehrenpromotionen wurden damit möglich, wovon die Mathematiker sofort Gebrauch machten: 1909 wurde Richard Dedekind, 1914 Hermann Amandus Schwarz und 1922 David Hilbert zu Ehrendoktoren ernannt.

Wenige Jahre später, 1911, wurde der Name des Polytechnikums in Eidgenössische Technische Hochschule abgeändert, wie dies auch dem Rang der Institution entsprach. Gleichzeitig wurde das Amt eines Rektors eingeführt, der die Aufgaben des bisherigen Direktors übernahm.

Als nach einer langen Amtsdauer Fiedler 1907 im Alter von 75 Jahren zurücktrat, wurde dessen ehemaliger Assistent Marcel Grossmann berufen.

> Marcel Grossmann wurde 1878 in Zürich Höngg (einige Quellen geben als Geburtsort Budapest an) geboren. Er studierte Mathematik am Eidgenössischen Polytechnikum, gleichzeitig mit Albert Einstein. Nach kurzer Assistententätigkeit bei Fiedler war er einige Jahre Lehrer in Frauenfeld und Basel. 1907 wurde er ans Eidgenössische Polytechnikum zum Professor für Geometrie und Geometrie der Lage berufen. Er trat 1927 zurück und starb 1936 in Zürich.
>
> Grossmann war ein ausgezeichneter Lehrer, und seine Lehrbücher, z.B. «Darstellende Geometrie», fanden weite Verbreitung. Besonders berühmt wurde Grossmann durch seine gemeinsamen Arbeiten mit seinem Studienfreund Einstein aus den Jahren 1913 bis 1914 zur mathematischen Formulierung der allgemeinen Relativitätstheorie und der Feldgleichungen für die Gravitation. Er war 1910 zusammen mit Fehr und Fueter massgeblich an der Gründung der Schweizerischen Mathematischen Gesellschaft beteiligt.

Lacombe wurde 1908 an die Universität Lausanne berufen, und der Lehrstuhl für Darstellende Geometrie in französischer Sprache mit Louis Kollros besetzt.

> Louis Kollros wurde 1878 in La Chaux-de-Fonds geboren. Ab 1896 studierte er zur selben Zeit wie Einstein und Grossmann an der ETH in Zürich an der Abteilung für Fachlehrer in Mathematik und Physik. Nach seinem Diplom bei Minkowski war er 1900 bis 1908 Lehrer in La Chaux-de-Fonds. Während eines Urlaubsjahres in Göttingen promovierte er 1904 mit einer Arbeit über die Approximation algebraischer Zahlen bei Minkowski. 1908 wurde er zum ordentlichen Professor für Mathematik in französischer Sprache ans Eidgenössische Polytechnikum berufen. Er trat 1948 zurück und starb 1959 in Zürich.
>
> Seine Publikationen betreffen vor allem Fragen der Synthetischen und Algebraischen Geometrie.

Kurz nach der Jahrhundertwende begann der Kanton Zürich die Planungsarbeiten für das neue Kollegiengebäude der Universität, das dann 1914 eröffnet wurde. Der Südflügel des Hauptgebäudes der ETH, welchen bisher die Universität beansprucht hatte, wurde damit für die ETH verfügbar. Trotzdem genügte der ETH das vorhandene Raumangebot längerfristig nicht mehr. Besonders in den technischen Abteilungen wuchsen die Studentenzahlen stark an, und es kamen, etwa im Zusammenhang mit der technischen Auswertung der Elektrizität, zusätzliche Aufgaben auf die Schule zu. Der Ausbau des Hauptgebäudes, der gleichzeitig auch eine Renovation des ursprünglich in schlechter Bauqualität erstellten Semper-Baus bedeutete, wurde dem berühmten Architekten und ETH-Professor Gustav Gull übertragen. Dieser ersetzte den Ostflügel und den Mittelteil des bestehenden Gebäudes vollständig. Als neue Elemente fügte er ausserdem am Süd- und Nordflügel zwei Fortsetzungen gegen Osten an und überdeckte den Mittelteil des Ostflügels durch eine weithin sichtbare Kuppel. Die 1914 begonnenen Bauarbeiten zogen sich wegen des Ersten Weltkrieges und der damit zusammenhängenden Materialknappheit in die Länge, so dass der Bau erst 1924 fertiggestellt werden konnte.

Als Geiser 1913 zurücktrat, wandte sich der damalige Schulratspräsident an Frobenius, mit dem er als ehemaliger Kollege im Lehrkörper des Eidgenössischen Polytechnikums freundschaftlich verbunden war. In seinem Brief nannte Gnehm eine Reihe von damals jüngeren Mathematikern, mit Hermann Weyl an erster Stelle, und bat Frobenius um ein «Urteil über die oben genannten Herren». Dieser antwortete mit einem längeren Brief[1], in dem er sein Urteil schliesslich wie folgt zusammenfasste: «Wenn Sie Weyl berufen, werden Sie eine vortreffliche und einwandfreie Wahl treffen.» Unmittelbar darauf besprach sich Gnehm in Göttingen mit Weyl und bot ihm die Nachfolge Geisers an, die Weyl eine Woche später annahm.

Hermann Weyl wurde 1885 in Elmshorn (Schleswig Holstein) geboren. Ab 1904 studierte er in München und Göttingen, wo er 1908 bei Hilbert promovierte. Nach der Habilitation 1910 wurde er 1913 zum Nachfolger von Carl Friedrich Geiser als Professor für Höhere Mathematik an die ETH Zürich berufen. 1930 übernahm er die Nachfolge von David Hilbert in Göttingen, ging aber bereits 1933 an das Institute for Advanced Study in Princeton. In Zürich hatte er Berufungen nach Karlsruhe, Breslau, Göttingen, Berlin, Amsterdam, Leipzig, an die Columbia University in New York und an die Princeton University abgelehnt. Nach seinem Rücktritt in Princeton 1951 verbrachte er jeweils die eine Hälfte des Jahres in Zürich und die andere in Princeton. Er starb 1955 in Zürich.

Weyl war einer der bedeutendsten und vielseitigsten Mathematiker des 20. Jahrhunderts; er hat viele Gebiete der Mathematik nachhaltig beeinflusst. In seiner Habilitationsschrift 1910 beschäftigte er sich mit linearen Differentialgleichungen zweiter Ordnung mit Singularitäten und den zugehörigen Entwicklungen von Funktionen. In seinem Buch «Die Idee der Riemannschen Fläche» (1913) gab er erstmals eine logisch befriedigende Darstellung der Riemannschen Funktionentheorie. Das Buch war darüberhinaus für die Entwicklung des Begriffes der Mannigfaltigkeit von grundlegender Bedeutung. Mit seiner Arbeit über die Gleichverteilung «modulo Eins» eröffnete Weyl der Zahlentheorie eine ganz neue Forschungsrichtung (1916). Zusammen mit Einstein und Grossmann arbeitete er an der mathematischen Formulierung der allgemeinen Relativitätstheorie; dazu führte er den Begriff des affinen Zusammenhangs ein. Die Theorie stellte er zusammenfassend in seinem Buch «Raum, Zeit, Materie» dar, das 1918 erschien und das in den nachfolgenden Jahren eine ganze Reihe von Neuauflagen erlebte. In den 20er Jahren beschäftigte sich Weyl mit der Theorie der linearen Darstellungen von Lieschen Gruppen (1925–27), die für die Mathematik und Physik von grosser Bedeutung wurde. Sein Buch über dieses Thema «Gruppentheorie und Quantenmechanik», das 1928 erstmals erschien, wurde unter Mathematikern und Physikern zum Klassiker.

Neben der Mathematik hat sich Weyl auch mit der Philosophie der Mathematik und Naturwissenschaft beschäftigt und darüber eine ganze Reihe von Büchern geschrieben: «Das Kontinuum» (1918), «Mathematische Analyse des Raumproblems» (1923), «Was ist Materie?» (1924), «Philosophie der Mathematik und Naturwissenschaft» (1926), «Die Stufen des Unendlichen» (1931) und «Symmetrie» (1955).

Die gesundheitlichen Probleme, unter denen Hurwitz schon längere Zeit litt und die 1905 sogar die Entfernung einer Niere notwendig gemacht hatten, verschlimmerten sich 1919 derart, dass er zu Beginn des Wintersemesters um Dispens von seinen Lehrverpflichtungen bitten musste. Nur wenige Wochen später starb er. Im Sommer 1920 wurde über seine Nachfolge entschieden. Auf die Ausschreibung waren keine Anmeldungen eingegangen. Der Schulrat zog neben Pólya, der schon seit 1914 Privatdozent an der ETH gewesen war, auch weitere Kandidaten in Betracht. Dazu gehörten Karl Rudolf Fueter, der aber ausschied, weil er kurz vorher Rektor der Universität Zürich geworden war, und Michel Plancherel, der damals Professor in Fribourg war. Weyl, der mit Plancherel und Pólya gut bekannt war (Plancherel hatte er bei dessen Aufenthalt in Göttingen kennengelernt), schrieb im Vorfeld des Entscheides aus eigenem Antrieb einen längeren Brief an den Schulratspräsidenten. In diesem bemerkt er, dass er es für seine Pflicht halte, «auf die überragende wissenschaftliche Bedeutung» von Pólya hinzuweisen. «In seiner Qualität als Forscher ist [...] Herr Pólya ohne Zweifel von ganz anderer Grössenordnung als Herr Plancherel.»[2] Trotz dieser eindeutigen Aussage entschied sich der Schulrat für Plancherel. Der Grund dafür kommt möglicherweise im folgenden Satz zum Ausdruck, der im Bericht des Schulrates an das Departement des Innern (Bundesrat) zu finden ist. Dort wird über Pólya festgehalten: «Dagegen lauten die Urteile über Lehrbegabung und Lehrerfolge weniger günstig.» Diese Bemerkung entbehrt in Anbetracht der späteren Verdienste Pólyas um den Mathematikunterricht nicht einer gewissen Pikanterie. Auf Beginn des Wintersemesters 1920 wurde Plancherel als Nachfolger von Hurwitz gewählt. Gleichzeitig wurde Pólya zum Titularprofessor ernannt «in Anerkennung seiner wissenschaftlichen Arbeiten und der der E.T.H. als Privatdozent und durch Übernahme und Ausführung von Lehraufträgen geleisteten Dienste.» Erst 1928 wurde Pólya als Nachfolger von Rudio zum ordentlichen Professor gewählt.

Michel Plancherel wurde 1885 in Bussy (Kanton Freiburg) geboren. Nach Erwerb des Baccalauréat ès sciences studierte Plancherel an der Universität in Fribourg, wo er 1906 mit dem Doctorat ès sciences mathématiques abschloss. Zur Fortsetzung seiner Studien verbrachte er vier Semester an der Universität Göttingen und zwei Semester in Paris. Im Jahre 1910 habilitierte er sich an der Universität Genf und folgte im Jahre 1911 einem Ruf als ausserordentlicher Professor an die Universität in Fribourg. Nach Ablehnung eines Rufes an die Universität Lausanne (1913) wurde er in Fribourg zum Ordinarius befördert. Einen im Jahre 1918 an ihn gerichteten Ruf an die Universität Bern lehnte er ab. 1920 wurde er als Nachfolger von Hurwitz zum Professor für Höhere Mathematik an der ETH ernannt. Von 1931 bis 1935 übernahm er das Amt des Rektors. Er trat 1954 zurück; 1967 wurde er das Opfer eines Verkehrsunfalls in Zürich.

Plancherel beschäftigte sich wissenschaftlich vor allem mit der Analysis. Er widmete sich zuerst der Übertragung von Resultaten der klassischen Fourieranalysis auf allgemeinere Funktionenräume und Systeme von Orthogonalfunktionen. Dann folgten Arbeiten über Integraltransformationen (Satz von Plancherel) und Anwendungen auf hyperbolische und parabolische partielle Differentialgleichungen. Einige weitere Veröffentlichungen betreffen Probleme der Theoretischen Physik und der Algebra.

Schulratspräsident Gnehm erkrankte 1926 schwer. Er musste schliesslich um seinen Rücktritt nachsuchen, und kaum zwei Monate später starb er. Als Nachfolger wählte der Bundesrat den damaligen Rektor Arthur Rohn (1878–1956, im Amt 1926–1948). Wie Gnehm war auch Rohn ein ehemaliger Absolvent der ETH; seit 1908 war er Professor für Baustatik. Im Gegensatz zu Gnehm, «der in grosser Bescheidenheit die Öffentlichkeit möglichst zu meiden pflegte», suchte Rohn «die ihm anvertraute Hochschule eindrucksvoll zu ‚repräsentieren‘ und ihr [...] die Beachtung zu verschaffen, die ihr im geistigen Leben des Landes gebührte» [3].

Grossmann musste 1927 um frühzeitige Versetzung in den Ruhestand bitten. Aus gesundheitlichen Gründen hatte er sich schon während der vorhergehenden beiden Jahre beurlauben lassen müssen, und er sah sich ausserstande, den Unterricht wieder aufzunehmen. Auf die Ausschreibung der Stelle gingen nur drei Bewerbungen ein, darunter diejenige von Walter Saxer. Da dieser unter den Bewerbern der einzige war, der auch wissenschaftlich tätig war, und da er darüber hinaus von Weyl warm empfohlen wurde, fiel dem Schulrat die Wahl leicht, auch wenn dieser in seinen Beratungen mit Willy Scherrer und Ferdinand Gonseth noch weitere Kandidaten in Betracht zog. Gonseth war damals Professor an der Universität Bern, und der Schulrat wollte aus verschiedenen Gründen nicht Professoren anderer schweizerischer Hochschulen abwerben. (Gonseth wurde 1929 Nachfolger von Franel, siehe p. 58.)

Walter Saxer wurde 1896 in Stein (Kanton Appenzell Ausserrhoden) geboren. Er studierte von 1911 bis 1916 Mathematik und Physik an der Eidgenössischen Technischen Hochschule, wo er 1923 bei Pólya über ein Thema der Funktionentheorie doktorierte. Nach dreijähriger Tätigkeit als Lehrer an der Kantonsschule Aarau verbrachte er das Studienjahr 1926/27 als Rockefeller-Stipendiat in Göttingen und Paris. 1927 erfolgte seine Berufung als Professor an die ETH Zürich als Nachfolger von Grossmann. Von 1939 bis 1943 amtete er als Rektor dieser Schule. Er trat 1966 zurück und starb 1975 während eines Ferienaufenthaltes in Samedan.

In seinen ersten Arbeiten beschäftigte er sich mit Funktionentheorie, dann aber ab 1940 vornehmlich mit der Wahrscheinlichkeitsrechnung und der Mathematischen Statistik sowie der Versicherungslehre. Nach dem Kriege wurde er vom Bundesrat zum mathematischen Berater für Sozialversicherungsfragen ernannt. In dieser Eigenschaft war er massgeblich an der Schaffung der Schweizerischen Altersversicherung (AHV) beteiligt. Sein Buch «Versicherungsmathematik» (1955/58) ist ein Standardwerk geworden.

Nicht in der Mathematik, sondern in der Physik erfolgte im selben Jahr 1927 die Berufung des in Hamburg tätigen Wolfgang Pauli als Nachfolger von Pieter Debye. Da Pauli gewisse unvorteilhafte Eigenschaften im Vortrag nachgesagt wurden, reiste Rohn nach Hamburg, um ihn in einer Vorlesung zu besuchen.

Das Schulratsprotokoll vermerkt dann die Aussage des Präsidenten, dass Pauli zweifellos ein Forscher bester Art sei. Allerdings habe er im Vortrage gewisse Ungeschicklichkeiten, derer er sich aber bewusst und die er zu beseitigen bemüht sei, was bei seinem Alter noch möglich sein sollte.[4] Pauli war damals 27jährig. Die enge Verbindung zwischen Physik und Mathematik an der ETH hatte zu diesem Zeitpunkt bereits Tradition. Nicht nur mussten laut Normalstudienplan die Studenten der einen Richtung viele Lehrveranstaltungen der anderen Richtung besuchen, sondern die Beziehungen waren auch auf Professorenebene recht eng. Minkowski hatte als Mathematiker Vorlesungen in Mechanik gehalten. Einstein hatte während der Zeit seiner Professur an der ETH Hilfe bei seinem Studienfreund Grossmann gesucht, als es darum ging, die Ideen der allgemeinen Relativitätstheorie mathematisch zu fassen. Weyl hatte in seinem Buch «Raum, Zeit, Materie» in dieser Richtung weitere wesentliche Beiträge geliefert. Während seiner Zürcher Zeit verband ihn eine enge Freundschaft mit Schrödinger und Debye, und er nahm an der Entwicklung der Quantentheorie und insbesondere der Schrödingerschen Wellenmechanik regen Anteil. Seine Theorie der linearen Darstellungen Liescher Gruppen ist durch Probleme der modernen Physik angeregt worden. Die Anwesenheit Paulis in den folgenden Jahren hat viel zum weiteren Ausbau der Beziehungen zwischen Physik und Mathematik an der ETH beigetragen; eine berühmte Schule mathematischer Physiker ist durch ihn begründet worden.

Als Nachfolger von Rudio, der 1928 71jährig zurücktrat, meldeten sich auf die ausgeschriebene Stelle nur vier Bewerber. Darunter befanden sich Georg Pólya und Willy Scherrer, die beide bereits als Privatdozenten Lehraufgaben an der ETH wahrgenommen hatten, Pólya war seit 1920 sogar Titularprofessor. In der Schulratssitzung vom 3./4. Februar 1928[5] wurde Pólya dank sehr guter Referenzen von Hadamard («l'estime la plus haute»), Hilbert («in der ersten Reihe der heutigen Mathematiker»), Hecke («einer der scharfsinnigsten und tätigsten Mathematiker der Gegenwart») und Hardy («very high opinion») zur Wahl vorgeschlagen.

> Georg Pólya wurde 1887 in Budapest geboren. Er studierte an der Universität in Budapest zuerst die Rechte, dann Sprachen und Literatur und schliesslich Mathematik und Physik. Nach einem Studienjahr in Wien (1910/11) promovierte er in Budapest mit einer Arbeit über Wahrscheinlichkeitsrechnung. Nach weiteren Studien in Göttingen und Paris habilitierte er sich 1914 an der ETH in Zürich, wo er 1920 zum Titularprofessor und 1928 zum ordentlichen Professor für Höhere Mathematik ernannt wurde. Mit einem Rockefeller-Stipendium verbrachte er das Jahr 1924 in Cambridge bei Hardy und das Jahr 1933 in Princeton. 1940 verliess er die ETH und verbrachte zwei Jahre an der Brown University in Providence, Rhode Island. 1942 nahm er einen Ruf an die Stanford University in Kalifornien an. Er starb 1985 in Palo Alto.
>
> Pólyas Arbeiten betreffen viele Gebiete der Mathematik, darunter Analysis, Zahlentheorie, Geometrie, Wahrscheinlichkeitsrechnung und Kombinatorik. Sehr bekannt sind seine Bücher über den Unterricht in Mathematik, darunter «Schule des Denkens» (1949), «Mathematik und plausibles Schliessen» (1954) und «Mathematisches Entdecken» (1962/65). Sein berühmtestes Werk ist aber ohne Zweifel das gemeinsame Buch mit Gabor Szegö «Aufgaben und Lehrsätze aus der Analysis», das 1925 erschienen ist.

1929 trat J. Franel aus Altersgründen zurück. Auf die Ausschreibung ging nur eine Anmeldung ein, die ausserdem einen Kandidaten von ungenügender Qualität betraf. Der Schulratspräsident hielt deshalb selber Umschau. Er kam auf die bereits früher bei der Nachfolge von Grossmann erwogene Möglichkeit zurück, Ferdinand Gonseth von der Universität Bern an die ETH zu berufen. Rohn ging bei den Verhandlungen sehr vorsichtig vor und versicherte sich zum vorneherein, dass die «Regierung des Kantons Bern die Berufung nicht als ein unfreundlicher Akt [sic] auffasste».[6] Auch bestand er darauf, dass «die finanzielle Seite analog wie für Herrn Prof. Franel geordnet» werde, und schloss damit für Gonseth eine Sonderregelung aus, wie man sie in anderen Fällen schon getroffen hatte. Er wollte sich offenbar unter keinen Umständen dem Vorwurf des «Überbietens» aussetzen: In jenen Jahren wurde an den Schweizer Universitäten bitter darüber geklagt, dass Deutschland mit verlockenden Angeboten die besten Kräfte zu gewinnen trachtete und auch vor eigentlichen Abwerbungen, ja «Überangeboten»[7] nicht zurückschreckte.

> Ferdinand Gonseth wurde 1890 in Sonvilier (Jura) geboren. Nach Absolvierung des Gymnasiums in La Chaux-de-Fonds studierte er von 1910 bis 1914 an der Abteilung für Fachlehrer in Mathematik und Physik der ETH. Er doktorierte 1916 an der ETH und habilitierte sich im darauffolgenden Jahr. Auf das Sommersemester 1920 erfolgte seine Ernennung zum ausserordentlichen Professor an der Universität Zürich und auf das Wintersemester 1920 die Ernennung zum ordentlichen Professor an der Universität Bern. Von dort wurde Gonseth 1929 als Nachfolger von Franel als Professor für Höhere Mathematik in französischer Sprache an die ETH berufen. Er trat 1960 zurück und starb 1975. Wegen eines Unfalls in seiner Jugend war Gonseth sehr stark sehbehindert. Auf Gonseths Lehrstuhl in Bern wurde Willy Scherrer berufen, dessen Name bei der Nachfolgeregelung von Hurwitz und Grossmann erwähnt worden war.
>
> Wissenschaftlich hat sich Gonseth vor allem mit Logik und mit den philosophischen Grundlagen der Mathematik beschäftigt. Über diese Themen hat er mehrere Bücher veröffentlicht.

Die Jahre um 1930 verliefen für die Mathematik an der ETH recht turbulent. Es begann damit, dass Weyl im Frühling 1930 die Nachfolge des zurückgetretenen Hilbert in Göttingen angetragen wurde. Weyl hatte während seiner Zürcher Zeit verschiedene Rufe nach Deutschland abgelehnt, darunter auch die Nachfolge von Felix Klein in Göttingen, und als Folge davon seine Stellung in Zürich jedesmal verbessert. Diesmal konnte er nicht mehr widerstehen. Trotzdem zögerte er die Sache hinaus und war, kaum hatte er zugesagt, seiner Sache nicht mehr so sicher. Schon in einem Brief vom 28. Mai an seinen engen Freund Hecke sagt er: «Mir ist nicht wohl bei dem Entscheid zu Mute, aber es blieb mir wohl nichts Anderes übrig», und er unterzeichnet den Brief mit «Dein auf den Bonzenleim gegangener Hermann Weyl»[8]. Die Reichstagswahl vom 14. September 1930, in der die Nationalsozialisten überraschend 107 von 577 Reichstagssitzen gewannen, beunruhigte Weyl zutiefst. Er äussert sich in einem Brief an Plancherel vom 1. Oktober 1930: «Die allgemeinen Verhältnisse in Deutschland verdüstern sich von Tag zu Tag [...]; und nun zu guter letzt haben die Reich[s]tagswahlen eine politische Mentalität und Situation enthüllt, über die einem wirklich die Haare zu Berge stehen könnten! Um Ihnen das an einem Beispiel deutlich zu machen: die Nationalsozialisten, die jetzt mit 107 Sitzen in den Reichstag einziehen, haben in diesem Frühjahr im Reichstag ein Gesetz ‚zum Schutze des deutschen Volkstums‘

beantragt, nach dem ich um meiner Ehe willen — Sie werden wohl wissen, dass meine Frau jüdischer Abstammung ist —, wegen Rassenschande mit Zuchthaus nicht unter 15 Jahren' zu bestrafen wäre.» [9] Weyl liess sowohl in Briefen an Rohn wie auch an Plancherel durchblicken, dass er nicht abgeneigt wäre, nach Zürich zurückzukehren, und Rohn machte ihm tatsächlich das Angebot, die «Tätigkeit an der E.T.H. auf 1. Oktober 1931 wieder auf[zu]nehmen» [10]. Aber Weyl, der wusste, dass Rohn die Stelle bereits Heinz Hopf angeboten hatte, sah nun keinen «moralisch erträglichen Weg mehr, [seine] Entscheidung rückgängig zu machen.»

Für die Nachfolge von Hermann Weyl wurden an einer Sitzung des Schulratspräsidenten mit einer Gruppe von Mathematikern, die Weyl und Pauli einschloss, zuerst Emil Artin und Rolf Nevanlinna in Aussicht genommen; Fueter hatte nicht genügend Unterstützung erhalten. Artin leistete der Einladung zu einer Reihe von Gastvorträgen Folge, lehnte aber nach einigen Tagen Bedenkzeit das an ihn ergangene Angebot ab. Nevanlinna zog das Angebot gar nicht näher in Betracht, da er seine Professur in Helsinki nicht aufgeben wollte. Schliesslich schlug Plancherel im Einverständnis mit den übrigen Mathematikern in einem Brief an Rohn vor, Heinz Hopf zu berufen. Plancherel erwähnt in diesem Brief auch John von Neumann. Dieser hatte seinerzeit an der ETH Chemie studiert, sich später aber vollständig der Mathematik gewidmet. Von ihm wird in diesem Brief gesagt: «nous craignons, connaissant Neumann, qu'il ne sache s'adapter aux conditions de l'enseignement de notre Ecole.» [11] Dem Brief lag ein Schreiben [12] von Issai Schur an Georg Pólya bei, in dem er sein Urteil über Hopf wie folgt zusammenfasst: «Hopf ist ein vorzüglicher Dozent, ein Mathematiker von starkem Temperament und starker Wirkung, ein Meister seiner Disziplin, der auch auf anderen Gebieten vorzüglich geschult ist. [...] Was feine Art, feine Bildung und liebenswürdiges Wesen betrifft, wünsche ich Ihnen keinen besseren Kollegen.» Schur erwähnte in seinem Brief auch noch Richard Brauer, den er «mit Stolz seinen Spezialschüler» nannte, er zog aber Hopf vor, wenn man «die mathematische Gesamtpersönlichkeit, die Wirkung nach aussen hin im Auge» habe. Nachdem Rohn bereits im September mit Hopf Kontakt aufgenommen und dieser in seinem Antwortbrief mitgeteilt hatte, dass er ein Angebot der ETH annehmen würde, reiste Rohn nach Berlin und besuchte am 3. Dezember eine Vorlesung von Hopf. Dieser hatte in der Zwischenzeit einen Ruf an die Universität Freiburg i.Br. als Nachfolger von Lothar Heffter erhalten; nach nur wenigen Tagen Bedenkzeit entschied er sich aber für Zürich. Noch im selben Monat erfolgte die Wahl durch den Bundesrat auf den 1. April 1931.

Heinz Hopf wurde 1894 in Gräbschen bei Breslau (Schlesien) geboren. Er studierte in Breslau, Heidelberg und Berlin, wo er bei Erhard Schmidt doktorierte. Nach einem Aufenthalt in Göttingen, wo er Paul Alexandroff und Emmy Noether kennenlernte, habilitierte er sich 1926 in Berlin mit einer grundlegenden Arbeit über Abbildungsklassen und Vektorfelder. 1927/28 verbrachte er gemeinsam mit Alexandroff in Princeton mit einem Rockefeller-Stipendium. 1931 wurde Hopf als Nachfolger von Weyl an die ETH in Zürich berufen, wo er in den folgenden Jahren eine bedeutende topologische Schule aufbaute. Nach dem Zweiten Weltkrieg verbrachte er das Jahr 1946/47 in Princeton, wo er an der 200-Jahr-Feier dieser Universität zum Ehrendoktor ernannt wurde. 1954 wurde er als Nachfolger von Marshall Stone zum Präsidenten der Internationalen Mathematischen Union gewählt und wirkte in dieser Eigenschaft auf einen weltweiten Zusammenschluss der Mathematiker jenseits unterschiedlicher politischer Meinungen hin. Er trat 1965 von seiner Professur an der ETH zurück und starb 1971 in Zollikon.

Hopf hat schon als Privatdozent in Berlin die von Poincaré und Brouwer begründete Forschungsrichtung der kombinatorischen Topologie nachhaltig gefördert. Seine Habilitationsschrift beschäftigte sich mit Abbildungsklassen und Vektorfeldern (1926). Die Einführung gruppentheoretischer Methoden in der Homologietheorie und deren Anwendung auf die Euler-Poincarésche Formel (1928) geht auf den Einfluss von Emmy Noether in Göttingen zurück. In Princeton entstand die Arbeit über den sogenannten Umkehrhomomorphismus bei Abbildungen zwischen Mannigfaltigkeiten (1930). Im Rahmen der Cohomologietheorie ergab sich später ein direkterer Zugang zum Umkehrhomomorphismus. Es folgte die Entdeckung der heute nach Hopf benannten Abbildung der dreidimensionalen auf die zweidimensionale Sphäre (1931), die am Anfang der Theorie der Homotopiegruppen steht. Diese Arbeit hatte grossen Einfluss auf Entwicklungen rund um die später so genannte Hopfinvariante, die erst mit J.F. Adams 1960 zu einem vorläufigen Abschluss gekommen sind. Als Zusammenfassung ihrer Ergebnisse veröffentlichten Hopf und Alexandroff 1935 das Buch «Topologie». Der geplante zweite Band ist nicht mehr erschienen. Um 1940/41 erklärte Hopf die Struktur der Homologie einer Gruppenmannigfaltigkeit und legte mit dieser Arbeit gleichzeitig den Grundstein für die Theorie der H-Räume und der später so genannten Hopf-Algebren. 1941/42 beschrieb er den algebraischen Zusammenhang zwischen der Fundamentalgruppe und der zweiten Bettischen Gruppe. Diese Arbeit gilt als Anfangspunkt der Homologischen Algebra und der (Co)Homologietheorie der Gruppen. Diesen Zweig förderte Hopf selbst in seiner Arbeit über die Bettischen Gruppen, die zu einer beliebigen Gruppe gehören (1944/45). In späteren Jahren galten seine Interessen mehr der Differentialgeometrie im Grossen. In den gleichen Zusammenhang gehört seine frühere gemeinsame Arbeit mit Rinow (1931), die den heute so genannten Satz von Hopf-Rinow der Riemannschen Geometrie enthält.

Hopf war ein hervorragender Lehrer. Seine Vorlesungen und Vorträge wurden allseits als beispielhaft bezeichnet. Während seiner Tätigkeit als Hochschullehrer leitete Hopf eine grosse Anzahl von Doktoranden zu eigener wissenschaftlichen Forschung an. Viele seiner Schüler sind später anerkannte Mathematiker geworden.

Noch bevor Hopf seine Stelle in Zürich angetreten hatte, beging die ETH 1930 die Feier zu ihrem 75jährigen Bestehen. Zwei Jahre später, nämlich vom 5. bis zum 7. September 1932, fand in Zürich der Internationale Mathematiker-Kongress statt. Damit konnten nach 1897 die beiden Zürcher Hochschulen bereits zum zweiten Mal als Veranstalter dieses Kongresses auftreten.

Die Abteilung IX, zu der die Mathematik gehörte, hiess immer noch «Abteilung für Fachlehrer in Mathematik und Physik». Dieser Name entsprach aber ihren Aufgaben jetzt nur noch teilweise, da den Absolventen neben der Lehrerlaufbahn nun in wachsendem Mass auch andere Tätigkeiten offenstanden, zum Beispiel in der Industrie oder bei Versicherungen. Als Folge davon verdoppelte sich die Studentenzahl der Abteilung IX zwischen 1929 und 1936, nämlich von 38 auf 80, obschon die Gesamtzahl der Studierenden an der ETH in dieser Periode nur wenig zunahm. Vor allem um dieses allgemeinere Ziel auszudrücken, wurde 1932 der Name der Abteilung abgeändert: sie hiess ab diesem Jahr «Abteilung für Mathematik und Physik».

3 Von den dreissiger zu den sechziger Jahren

Die Talfahrt der Weltwirtschaft, die im Gefolge des Börsenkraches 1929 einsetzte, erfasste in den frühen dreissiger Jahren auch die Schweiz. Im Vergleich zu den Nachbarländern setzte die Krise zwar etwas verzögert ein und verlief nicht so dramatisch, sie hielt aber andererseits länger an. Auch hier stiegen die Arbeitslosenzahlen auf bisher noch nie erreichte Höhen, und wie anderswo sahen die Politiker in einer Spar- und Deflationspolitik das einzige Mittel, der Lage einigermassen Herr zu werden. So wertete man die Schweizer Währung im Herbst 1936 um 30% ab, um die für die Schweiz wichtigen Exporte anzukurbeln und gleichzeitig die Importe zu drosseln. Parallel dazu wurden die ordentlichen Staatsausgaben überall, wo es tunlich schien, vermindert. Auch die Kredite der ETH wurden gekürzt, was den Schulrat veranlasste, nach Einsparungen insbesondere bei Professorenstellen Ausschau zu halten. Natürlich waren diejenigen Stellen besonders gefährdet, die durch Rücktritt frei wurden. So nahm der Schulrat den auf Ende Sommersemester 1936 anstehenden Rücktritt von Hirsch zum Anlass, die Abteilung IX anzufragen, «ob und wie eine Mathematik-Professur eingespart werden könne» [1].

Nach mehrmaliger Rücksprache mit den Mathematikprofessoren und der Abteilung IX beschloss der Schulrat, die Stelle Hirsch unbesetzt zu lassen. Gleichzeitig verfügte er eine Neuorganisation des Unterrichts. Die von Hirsch bis anhin betreute Lehrveranstaltung in Höherer Mathematik wurde von Saxer übernommen, während der bisher von Saxer betreute deutschsprachige Unterricht in Darstellender Geometrie im Lehrauftrag Eduard Stiefel übertragen wurde. Das Protokoll vermerkt dazu: «Dr. Stiefel ist ein hervorragend begabter Mathematiker, dessen Lehrtätigkeit allseitig lobend hervorgehoben wird.» Kollros, der wie bisher die französischsprachige Parallelvorlesung hielt, übernahm zusätzlich die Oberaufsicht über den gesamten Unterricht in Darstellender Geometrie.

Der Kriegsbeginn im Jahre 1939 hatte auch für den Lehrbetrieb an der ETH einschneidende Auswirkungen. Die durch Militärdienst bedingte Abwesenheit von vielen Professoren und Studenten verlangte nach pragmatischen Änderungen und Sonderregelungen im Lehrbetrieb. Unter besonderer psychologischer Belastung standen wegen der Geschehnisse jenseits der Grenzen der kleinen Schweiz natürlich die jüdischen Mitglieder des Lehrkörpers. Dieser Druck war zuweilen auch sehr direkt zu verspüren. Als Beispiel sei der Fall von Heinz Hopf[2] erwähnt. Hopf, dessen Vater jüdischer Abstammung, aber evangelisch getauft war, erfuhr im Frühjahr 1943, dass sein Vermögen in Deutschland konfisziert werden sollte. Als er sich darauf im Mai beim Deutschen Generalkonsulat in Zürich um die Verlängerung seines Heimatscheines bemühte, teilte man ihm dort mit: «Ihr Heimatschein kann nicht erneuert werden. Ich habe Sie aufzufordern, in das deutsche Reichsgebiet überzusiedeln; im Weigerungsfalle haben Sie mit dem Verlust der deutschen Staatszugehörigkeit zu rechnen.» Diese Nachricht kam zwar für Hopf zu jenem Zeitpunkt kaum überraschend; sie traf ihn aber zweifellos in seinem Innersten, hatte er sich doch während des Ersten Weltkrieges dem Deutschen Heer als Freiwilliger zur Verfügung gestellt und wegen seiner Verwundung sogar das

Eiserne Kreuz 1. Klasse verliehen erhalten. Glücklicherweise hatte sich Hopf wenige Monate vorher bereits um die Schweizer Staatsbürgerschaft beworben: sein Gesuch wurde noch im Laufe desselben Jahres bewilligt.

Es ist aus dieser Situation heraus gut zu verstehen, dass sich einige Mitglieder des Lehrkörpers der ETH nach Aufenthaltsmöglichkeiten in den USA umsahen. So ersuchte mit Brief vom 22. Juni 1940 Pólya den Schulrat um Urlaub, damit er das Studienjahr 1940/41 als «research associate» an der Stanford University verbringen könne.[3] Dieses Gesuch wurde umgehend bewilligt, ebenso wie das schon etwas früher eingegangene von Wolfgang Pauli, der für einige Zeit nach Princeton gehen wollte.

Mit der Bewilligung des Urlaubes von Pólya wurde auch die Stellvertretung geregelt; während Hopf und Plancherel die Lehrveranstaltungen für Mathematiker übernahmen, wurde die Vorlesung Pólyas über Höhere Mathematik im Lehrauftrag an Albert Pfluger, Professor an der Université de Fribourg, vergeben. Der Urlaub von Pólya, der inzwischen als Gastprofessor an der Brown University in Providence, Rhode Island, tätig war, wie auch die Regelung der Stellvertretung wurden zweimal verlängert. Als Pólya um Urlaub für ein weiteres Jahr nachsuchte, bestand der Schulrat aber auf einer Rückkehr, andernfalls müsse man Pólya den Rücktritt nahelegen. In seinem Antwortbrief zeigte Pólya Verständnis für diesen Entscheid und trat auf Herbst 1943 zurück. Die Stelle wurde ohne Verzug ausgeschrieben. Es meldeten sich nur sechs Kandidaten, darunter auch Albert Pfluger, der allerdings seine Bewerbung erst auf dringendes Anraten des damaligen Rektors Saxer eingereicht hatte. In einem Brief vom 20. April 1943 an den Schulratspräsidenten Rohn fassten Saxer und Plancherel die Meinung der Abteilung IX wie folgt zusammen:[4] «Herr Pólya war in seiner Art eine einzigartige Kraft, die man in allen Abteilungen vermissen wird. Wir bedauern deshalb tief, dass er die Schweiz verliess. [...] Bei der Kandidatenfrage haben wir grundsätzlich neben der Wahl eines Schweizers die Berufung eines hervorragenden Ausländers erwogen.» Trotzdem habe man schliesslich den ETH-Privatdozenten Pfluger, Stiefel und Eckmann, auch gegenüber anderen Mathematikprofessoren an Schweizer Universitäten, den Vorzug gegeben. Wissenschaftlich seien alle drei «ungefähr gleichwertig», als Dozenten «sehr gut», Eckmann sei bedeutend jünger als die beiden anderen. Die Konferenz der Abteilung IX vertrete deshalb die Ansicht, Pfluger sei die Nachfolge Pólyas anzubieten, gleichzeitig sei aber auch Stiefel zum Professor zu ernennen. Schulratspräsident Rohn wollte sich darauf offenbar persönlich ein Bild von der Meinung unter den Mathematikprofessoren machen und lud diese auf den 7. Juni 1943 zu einer Besprechung ein. Dabei wurde, wie aus handschriftlichen Notizen Rohns[5] hervorgeht, neben den wissenschaftlichen auch Pflugers menschliche Qualitäten und sein hervorragendes Lehrtalent hervorgehoben.

Rohn beantragte schliesslich beim Schulrat, Pfluger auf den 1. Oktober 1943 zum Professor für Höhere Mathematik an der ETH zu ernennen.[5] Pfluger sei im Kreise der Mathematikprofessoren einstimmig als «der bestqualifizierte Kandidat für die zweite[6] Professur für höhere Mathematik an der ETH bezeichnet» worden. Die

Wahl erfolgte auf den 1. Oktober 1943, wobei Pfluger gestattet wurde, im Wintersemester 1943/44 noch einen Lehrauftrag an der Université de Fribourg wahrzunehmen.

Albert Pfluger wurde 1907 in Oensingen (Kanton Solothurn) geboren, wo er als Bauernsohn aufwuchs. Nach dem Besuch des Gymnasiums in Stans studierte er Mathematik an der ETH in Zürich. Dort doktorierte er 1935 als Schüler von Pólya. Nach einigen Jahren Unterrichtstätigkeit an den Kantonsschulen Zug und Solothurn wurde er 1939 zum a.o. Professor für Angewandte Mathematik und Mathematische Physik an die Université de Fribourg berufen. Ab 1940 versah er zusätzlich Lehraufträge an der ETH in Zürich, und 1943 wurde er dort zum Nachfolger von Pólya bestimmt. Er trat 1978 zurück und starb 1993 im hohen Alter von 86 Jahren.

Pfluger beschäftigte sich mit klassischer Funktionentheorie und Potentialtheorie, insbesondere mit der Werteverteilung ganzer Funktionen, mit quasikonformen Abbildungen und mit Riemannschen Flächen. Über den letzteren Gegenstand veröffentlichte er 1957 ein Buch.

Albert Pfluger war ein hervorragender Lehrer. In seiner Lehrtätigkeit, die bis 1955 hauptsächlich an Ingenieurabteilungen stattfand, verfolgte er nicht nur das Ziel, solide Kenntnisse zu vermitteln, sondern es war ihm darüber hinaus auch ein Anliegen, seine Studenten zu selbständigem mathematischem Denken zu erziehen.

Auf Antrag des Präsidenten beschloss der Schulrat ferner, Eduard Stiefel zum Professor für Darstellende und Vektorielle Geometrie zu ernennen, und zwar ebenfalls auf den 1. Oktober 1943. Stiefel werde «als Mathematiker allseitig als hervorragend bezeichnet» [7].

Eduard Stiefel wurde 1909 in Zürich als Sohn eines Malers und Zeichenlehrers geboren. Er studierte Mathematik an der ETH in Zürich, wo er als einer der ersten Schüler von Heinz Hopf promovierte. Nach einer Assistententätigkeit am Mathematischen Seminar der ETH und Studienaufenthalten in Göttingen und Hamburg habilitierte sich Stiefel an der ETH mit einer Arbeit über Lie-Gruppen. Nachdem er schon seit 1936 den Unterricht in Darstellender Geometrie erteilt hatte, wurde er 1943 zum Professor an der ETH ernannt. Seine Interessen wandten sich später der Angewandten Mathematik zu. 1948 übernahm er die Leitung des neu gegründeten Institutes für Angewandte Mathematik. 1953 wurde für Stiefel eine Professur für Angewandte Mathematik eingerichtet. Unter seiner Oberleitung wurde in jenen Jahren die elektronische Rechenmaschine ERMETH gebaut, die 1955 in Betrieb genommen werden konnte. Stiefel starb kurz vor seinem Rücktritt im Jahre 1978.

Eduard Stiefel beschäftigte sich in seinen frühen Jahren vor allem mit der Algebraischen Topologie. In diesem Fachgebiet sind ihm eine Reihe von bedeutenden Resultaten zu verdanken. Die Mannigfaltigkeiten, mit denen er sich in seiner Dissertation beschäftigte, wurden später Stiefel-Mannigfaltigkeiten genannt, und die von ihm eingeführten charakteristischen Klassen tragen heute den Namen Stiefel-Whitney-Klassen. Ab 1945 beschäftigte sich Stiefel mit der Angewandten und Numerischen Mathematik. Auch hier gelangen ihm wesentliche Erkenntnisse. So geht die Methode der konjugierten Gradienten zur Lösung grosser linearer Gleichungssysteme auf ihn (und Hestenes) zurück. Sie wurde später zu einem wirkungsvollen Optimierungsalgorithmus weiterentwickelt. Die Lineare Programmierung, die Approximationstheorie wie etwas später die Himmelsmechanik verdanken ihm ebenfalls wichtige Beiträge.

Sein Wirken wäre unvollständig beschrieben, wenn nicht seine ausserordentlich beliebte Vorlesungstätigkeit, insbesondere an den Ingenieurabteilungen, erwähnt würde. Von seinem erfolgreichen Bemühen, die Mathematik für die Anwender verständlich darzustellen, zeugen auch eine Reihe von Lehrbüchern, die rasch mehrere Auflagen erreichten und zum Teil ins Englische übersetzt wurden.

Am 5. Juli 1945 berichtet der damalige Vorstand der Abteilung IX, Heinz Hopf, dem Präsidenten Rohn, dass der als Privatdozent tätige Paul Bernays sich in einer sehr unangenehmen finanziellen Lage befinde.[8] Dementsprechend sei auch Bernays' Gemütszustand, seine Arbeitsfähigkeit sei beeinträchtigt. Die Abteilung IX halte eine «Verbesserung der Stellung von Prof. Bernays für höchst wünschenswert» und beantrage, ihn «zum ständigen mathematischen Mitarbeiter der Abteilung IX [...] zu ernennen».

Als Jude hatte Bernays 1933 seine Stelle als «nichtbeamteter a.o. Professor» in Göttingen verloren, wo er mit Hilbert in der mathematischen Grundlagenforschung gearbeitet hatte. Zurückgekehrt in seine Heimatstadt, versah er regelmässig Lehraufträge an der ETH. Hier habilitierte er sich auf das Wintersemester 1939/40 hin.

Auf Grund des Gesuches der Abteilung IX wurde Bernays auf den 1. Oktober 1945 zum a.o. Professor *ad personam* mit halber Lehrverpflichtung ernannt. Der Schulrat machte dabei deutlich, dass es sich um eine persönliche Massnahme zu Gunsten dieses Gelehrten handle. Bernays sei durch seine gemeinsam mit Hilbert herausgegebenen wissenschaftlichen Publikationen in der ganzen Welt bekannt geworden. Sein Lehrerfolg sei zwar bis anhin bei der Mehrzahl der Studierenden nicht bedeutend, weil Bernays schwerverständlich unterrichte. Das grosse wissenschaftliche Ansehen von Professor Bernays und die Bereicherung des Unterrichtes für vorgerückte Studierende rechtfertigten aber die Anstellung.

Bernays erhielt im Jahre 1952 einen Ruf an die Reichsuniversität Utrecht. Wegen seines vorgerückten Alters wollte er diesen aber nicht annehmen. Darauf beantragte der Schulrat[9], das Gehalt, das dieser als Professor mit halber Lehrverpflichtung bezog, wesentlich zu erhöhen, so dass seine Bezüge ungefähr denjenigen eines Professors mit ganzer Lehrverpflichtung entsprachen.

Paul Bernays wurde 1888 geboren. Er war Bürger der Stadt Zürich, entstammte aber einer deutsch-jüdischen Gelehrtenfamilie, aus der mehrere Professoren an deutschen Universitäten hervorgegangen sind. Aufgewachsen in Berlin, studierte er Mathematik in Göttingen und promovierte 1912 bei Edmund Landau. Anschliessend habilitierte er sich bei Ernst Zermelo an der Universität Zürich. Ab 1917 hielt er sich wieder in Göttingen auf, wo er als Mitarbeiter von Hilbert tätig war. 1934 verlor er seine Stelle als nichtbeamteter a.o. Professor in Göttingen. Er kehrte in die Schweiz zurück, wo er als Lehrbeauftragter an der ETH Spezialvorlesungen über Logik und Grundlagen der Mathematik übernahm. Erst 1945 machte man ihn zum Professor *ad personam* mit halber Lehrverpflichtung; endlich erhielt er ein Gehalt, das ihm wenigstens eine Existenzgrundlage verschaffte. Von dieser Professur trat er 1959 zurück. Er starb 1977 in Zürich.

Das mathematische Werk von Paul Bernays beschäftigt sich mit Grundlagenfragen der Mathematik. Ausgehend vom zweiten Hilbertschen Problem (Widerspruchsfreiheit der Arithmetik), untersuchte er zusammen mit Hilbert Fragen nach der Entscheidbarkeit und der Widerspruchsfreiheit von verschiedenen mathematischen Theorien und brachte Klarheit in die metamathematischen Schwierigkeiten der Behandlung dieser Fragen. Die Resultate legte er zusammen mit Hilbert in dem bahnbrechenden zweibändigen Werk «Grundlagen der Mathematik» nieder, das 1934 bzw. 1939 erschien.

Bernays suchte nie das Rampenlicht, «das Wirken von Bernays [war] sehr oft ein Wirken in der Stille»[10]. Insbesondere hat er sich durch eindringliche sachliche Analyse und Kritik der Arbeiten anderer grosse Verdienste erworben.

Auf Ende Sommersemester 1948 trat Kollros zurück. Als Vorstand der Abteilung IX stellte Stiefel bereits am 16. April brieflich dem Präsidenten die Vorstellungen der Abteilung über die Nachfolgeregelung dar[11]. Es sei ein Nachfolger französischer Zunge zu suchen, der den Unterricht in Darstellender und Vektorieller Geometrie übernehme, zusammen mit Vorlesungen an der Abteilung IX. Erwünscht seien ferner Kenntnisse in Angewandter Mathematik. Es wurden nur zwei Kandidaten genannt, nämlich Georg Pólya, der wegen seines Alters aber kaum in Frage kommen konnte, und Beno Eckmann. Im Antrag an den Schulrat konnte Rohn damit folgendes feststellen: «Dagegen wurden einstimmig die hervorragenden Eigenschaften von Prof. Eckmann hervorgehoben. Kein jüngerer Mathematiker in unserem Land dürfte ihm gleichgestellt werden.» Da bekannt war, dass Eckmann Angebote von mehreren amerikanischen Universitäten erhalten hatte, schlug Rohn vor, auf die Ausschreibung der Stelle zu verzichten und Eckmann direkt zu berufen. Die Wahl durch den Bundesrat erfolgte schliesslich auf den 1. Oktober 1948.

Beno Eckmann wurde 1917 in Bern geboren. Nach dem Studium der Mathematik an der ETH in Zürich promovierte er 1941 als Schüler von Heinz Hopf. Nach seiner Habilitation 1942 hatte er für kurze Zeit ein Extraordinariat an der Université de Lausanne inne. 1948 wurde er zum ordentlichen Professor an die ETH Zürich berufen. Er trat 1984 zurück.

Das wissenschaftliche Werk Eckmanns umspannt ein weites Feld mathematischen Gedankengutes, von der Algebraischen Topologie über die Theorie der Mannigfaltigkeiten und der Homologischen Algebra bis hin zur Gruppentheorie. Viele Entwicklungen in diesen Gebieten wurden von ihm wegweisend beeinflusst. Nach Untersuchungen über die Homotopie von Faserräumen, über die Cohomologie von Gruppen und über die globale Differentialgeometrie wandte er sich, vor allem zusammen mit Peter Hilton, dem Studium der Dualität zu, die zwischen der Homotopie und der Cohomologie von topologischen Räumen besteht. Grundlegende Arbeiten, wiederum zusammen mit Hilton, folgten über die damals neu entstehende Kategorientheorie. In späteren Jahren galt sein Hauptinteresse wiederum der Cohomologietheorie der Gruppen, die sich in der Zwischenzeit zu einem wichtigen Hilfsmittel in den verschiedensten Gebieten der Mathematik entwickelt hatte.

Als hervorragender Lehrer und Forscher hat er im Laufe seiner Tätigkeit an der ETH eine überaus grosse Zahl von Mathematikern herangebildet und über 60 Doktoranden betreut. Geprägt durch Heinz Hopf, legte Beno Eckmann sowohl in seinen Publikationen wie auch in seinen Vorlesungen grossen Wert auf klare und elegante Darstellung. Sein Vorlesungs- und Vortragsstil zeichnete sich durch eine bewusste Beschränkung der Mittel auf das Notwendige aus. Dabei stand jeweils das Ziel im Vordergrund, dem Zuhörer Einsicht in das dargestellte Problem zu verschaffen und ihn dadurch zu eigenem Denken anzuregen.

Eckmann gründete 1963/64 das «Forschungsinstitut für Mathematik der ETH» (FIM). Als kleines «Institute for Advanced Study» gedacht, schaffte diese Institution in den folgenden Jahren den Rahmen, um Mathematiker aus aller Welt zu Gastaufenthalten an die ETH einzuladen. Das Institut wurde rasch zu einem international höchst angesehenen mathematischen Forschungszentrum.

Im gleichen Jahr wurde Linder als a.o. Professor mit halber Lehrverpflichtung an die ETH berufen, nachdem er schon seit 1942/43 regelmässig Lehraufträge in angewandter Statistik, vor allem an Ingenieurabteilungen, versehen hatte.

Arthur Linder (1904–1993) studierte Mathematik an der Universität Bern. Nach seinem Doktorat im Jahre 1933 arbeitete Linder beim Bundesamt für Statistik in Bern. 1945 wurde er Professor an der Université de Genève und 1948 zusätzlich Professor für Mathematische Statistik an der ETH mit halber Lehrverpflichtung. Er trat 1973 in den Ruhestand.

Schulratspräsident Rohn trat 1948 im Alter von 70 Jahren von seinem Amt zurück. Als dessen Nachfolger wählte der Bundesrat den damaligen Rektor Hans Pallmann (1903–1965, im Amt 1948–1965). Wie Rohn und dessen Vorgänger Gnehm und Bleuler war auch Pallmann ein Absolvent der ETH. Seit 1935 war er Professor für Agrikulturchemie an dieser Schule.

Im Laufe der späten vierziger Jahre sicherte sich die ETH dank der intensiven Bemühungen Stiefels die Rechte für eine Überführung der von Zuse gebauten programmgesteuerten elektromechanischen Rechenmaschine Z4 nach Zürich. Konrad Zuse hatte diese Maschine in den letzten Kriegsjahren gebaut und nach Kriegsende eingelagert. Sie wurde im Jahre 1950 an der ETH wieder in Betrieb genommen. Für einige Jahre war sie die einzige programmierbare Rechenmaschine in Europa. Stiefel erkannte die Wichtigkeit dieser Entwicklung sehr früh und sorgte dafür, dass seine beiden jungen Mitarbeiter, der Mathematiker Heinz Rutishauser und der Elektroingenieur Ambros P. Speiser, im Jahre 1949 auf eine Studienreise nach Amerika gehen konnten. Sie hatten von ihm ausdrücklich die Aufgabe erhalten, an der Harvard University und bei John von Neumann am Institute for Advanced Study in Princeton die weiter fortgeschrittenen amerikanischen Entwicklungen in dieser Richtung zu studieren. Um den Rechenbetrieb zu betreuen, wurde 1951 das Institut für Angewandte Mathematik gegründet, dessen Leitung Stiefel übernahm. Wenig später, nämlich 1953, richtete der Schulrat für Stiefel eine ordentliche Professur für Angewandte Mathematik ein. Im Rahmen seines Institutes nahm Stiefel zusammen mit seinen Mitarbeitern ab 1952 den Bau der neuen elektronischen Rechenmaschine ERMETH (Elektronische **R**echenmaschine der **ETH**) in Angriff. Das entsprechende Finanzierungsgesuch für den Bau dieser Machine, die «50-100-mal leistungsfähiger» [12] sein sollte als Zuses Z4, lautete auf einen Betrag von 500'000 bis 700'000 Franken. ERMETH, die 1955 erfolgreich in Betrieb genommen wurde, verwirklichte eine ganze Anzahl von bemerkenswerten Neuerungen und erfüllte weitgehend die Erwartungen der Benutzer. Im Gegensatz zu Maschinen, die andernorts kurz vorher gebaut worden waren, ermöglichte sie dank neuartiger elektronischer Bauelemente einen Dauerbetrieb mit hoher Betriebssicherheit.

Weil Stiefel ab 1951 mit der Leitung des Institutes für Angewandte Mathematik und mit der Einführung von neuen Kursen in angewandter Richtung beschäftigt war, mussten unter den Mathematikprofessoren die Aufgaben anders verteilt werden. An der Stelle von Stiefel betreute jetzt Eckmann die deutschsprachige Geometrie-Vorlesung, während die französische Parallelvorlesung im Lehrauftrag an Marcel Rueff vergeben wurde. Man glaubte, damit auf die Wiederbesetzung der durch diese Umstellungen frei gewordenen Professur für Geometrie in französischer Sprache bis zum bevorstehenden Rücktritt von Plancherel im Jahre 1955 verzichten zu können. Die Situation änderte sich aber im Laufe des Wintersemesters 1953/54. Die Abteilung stellte ein Wiedererwägungsgesuch an den Schulrat, da die «berechtigte Befürchtung» [14] bestehe, dass der «von der Abteilung anvisierte Spitzenkandidat, Dr. A. Borel (Absolv. der ETH) in Bälde eine Professur in den USA oder an der Universität Lausanne annehmen könnte».

Der Schulrat ging auf dieses Ersuchen ein und liess die Professur bereits im Frühjahr 1954 ausschreiben. Es meldeten sich nur vier Bewerber. Obschon Borel darauf aufmerksam gemacht hatte, dass er wegen bereits eingegangener Verpflichtungen an der University of Chicago die Stelle erst auf 1. Oktober 1955 werde antreten können, kam man rasch zum Schluss, dass die Verzögerung des Amtsantrittes ohne Bedenken in Kauf genommen werden könne, wesentlich sei einzig, «dass wir Herrn Dr. Borel als bedeutenden Lehrer und Forscher für unsere Hochschule überhaupt gewinnen können». Die Wahl zum Professor für höhere Mathematik (besonders Geometrie) erfolgte schliesslich auf den 1. Oktober 1955.

> Armand Borel von Neuchâtel und Couvet wurde 1923 geboren. Nach dem Studium der Mathematik an der ETH und einer zweijährigen Assistententätigkeit bei Gonseth und Plancherel begab er sich für zehn Monate zum Weiterstudium nach Paris. Von 1950 bis 1952 versah er eine Stellvertretung an der Université de Genève und promovierte anschliessend 1952 an der Sorbonne in Paris. Die Jahre 1952 bis 1954 verbrachte er am Institute for Advanced Study in Princeton, und 1954/55 war er Visiting Lecturer an der University of Chicago. 1955 wurde er zum Professor an der ETH in Zürich ernannt, von wo er aber bereits 1957 einem Ruf zum Professor an das Institute for Advanced Study folgte. Von 1983 bis 1986 war er noch einmal als Professor an der ETH in Zürich tätig. Darauf kehrte er wieder an das Institute in Princeton zurück.
>
> Das mathematische Werk Borels ist ausserordentlich weitgespannt. Viele seiner frühen Arbeiten beschäftigen sich mit der Algebraischen Topologie von Lie-Gruppen und homogenen Räumen, wo ihm eine ganze Reihe von tiefliegenden Resultaten zu verdanken ist. Ab 1955 wandte er sich auch dem Gebiet der algebraischen und der arithmetischen Gruppen zu. Dieses Gebiet wurde in ganz wesentlichem Masse von Borel geformt. Schliesslich folgte eine Reihe von wichtigen Arbeiten über die cohomologischen Eigenschaften arithmetischer und S-arithmetischer Gruppen.
>
> Das Werk von Armand Borel zeichnet sich durch einen umfassenden Blick auf das Gesamtgebiet der Mathematik aus; nicht das spezielle Resultat an sich war für ihn jeweils von primärem Interesse, sondern vielmehr der Beitrag, den es an den Gesamtbau der Mathematik leisten konnte. Eine grosse Anzahl von Borels Arbeiten sind in Zusammenarbeit mit anderen bedeutenden Mathematikern entstanden, darunter C. Chevalley, A. Haefliger, Harish-Chandra, F. Hirzebruch, A. Lichnérowicz, J.C. Moore, G.D. Mostow, J.-P. Serre, J. Tits. Ein Teil dieser Zusammenarbeit geht auf seine Tätigkeit als Mitglied der Bourbaki-Gruppe zurück.

Auf den 1. April 1955 trat Plancherel wegen Erreichung der Altersgrenze zurück. Die Abteilung IX schlug «nach einlässlicher Beratung» vor, die Lehraufgaben Plancherels, die vor allem aus Vorlesungen für die Abteilung IX bestanden, neu Pfluger zu übertragen und auf die Ausschreibung der Professur zu verzichten. Statt dessen sei als neuer Professor der Privatdozent Ernst Specker zu gewinnen, und es seien ihm die bisherigen Lehraufgaben von Pfluger zu übertragen. Diesem Vorschlag folgte der Schulrat in seiner Sitzung vom 20. November 1954.[15] Ernst Specker sei «ein äusserst vielseitiger Mathematiker von höchster wissenschaftlicher Qualifikation. Seine Interessen erstrecken sich insbesondere auch auf die Anwendungen der Mathematik auf Naturwissenschaften und auf die Wahrscheinlichkeitsrechnung. Er trägt ausgezeichnet vor; sein Unterricht zeichnet sich durch grosses didaktisches Geschick und Einfühlungsvermögen in die Hörer aus.» Speckers Wahl erfolgte auf den 1. April 1955.

> Ernst Specker wurde 1920 in Zürich geboren, wo er an der ETH Mathematik studierte. Er promovierte 1948 mit einer topologischen Arbeit bei Heinz Hopf, wandte sich aber alsbald anderen Fragestellungen zu. In schneller Folge veröffentlichte er wichtige Arbeiten in der Theorie abelscher Gruppen, der Logik und der Axiomatischen Mengenlehre. Das Jahr 1949/50 verbrachte er am Institute for Advanced Study in Princeton. Zurück in Zürich habilitierte er sich 1952 an der ETH. Stellvertretungen an der Université de Genève und an der Université de Neuchâtel folgten. 1955 wurde er zum Professor für Höhere Mathematik an der ETH ernannt, und 1960 wurde für Specker eine Professur für Mathematische Logik errichtet, womit er das von Bernays und Gonseth bis zu ihren Rücktritten in den Jahren 1959 bzw. 1960 betreute Gebiet an der ETH weiterführte. Er trat 1987 von seinem Amt zurück.
>
> Das Hauptarbeitsgebiet von Ernst Specker ist die Mathematische Logik und die Axiomatische Mengenlehre, wo ihm grundlegende Arbeiten zu verdanken sind. Darüber hinaus hat er in verschiedensten Gebieten weitere originelle und wichtige Beiträge geliefert, deren Bedeutung nicht selten erst später voll erkannt wurde. Dazu gehören Arbeiten über die Enden topologischer Räume, über additive Gruppen von Folgen ganzer Zahlen sowie über die Logik der Quantentheorie. In späteren Jahren beschäftigte er sich mehr und mehr mit der Komplexität von Algorithmen.

Ebenfalls auf den 1. April 1955 hin stellte der Schulrat den Antrag[16], Privatdozent Rutishauser zum a.o. Professor für Angewandte Mathematik zu ernennen. Ihm sollte neben Spezialvorlesungen in Angewandter und Numerischer Mathematik auch die Leitung der ERMETH-Gruppe übertragen werden: Rutishauser sei «heute in der Schweiz ohne Zweifel der erste Fachmann für die wissenschaftliche Arbeit auf grossen Rechenmaschinen».

> Heinz Rutishauser wurde 1918 geboren. Er studierte Mathematik an der ETH in Zürich, wo er nach seinem Diplom als Assistent tätig war. Für einige Jahre war er anschliessend Mathematiklehrer. Wieder als Assistent an der ETH, diesmal am Institut für Angewandte Mathematik, promovierte er 1950. Inzwischen hatte er sich auf einer halbjährigen Studienreise an verschiedenen Rechenzentren in den USA mit den neuesten Entwicklungen auf dem Gebiet programmierbarer Rechenmaschinen vertraut machen können. Nur ein Jahr nach seiner Promotion, auf Beginn des Wintersemesters 1951/52, habilitierte er sich mit einer Arbeit über «Automatische Rechenplanfertigung». Rutishauser war massgeblich an der Entwicklung der Rechenmaschine ERMETH beteiligt, die am Institut von Stiefel in den Jahren 1950 bis 1955 gebaut wurde. Rutishauser starb bereits 1970.
>
> In seinen Arbeiten beschäftigte sich Rutishauser vor allem mit Numerischer Mathematik und mit der Programmierung elektronischer Rechenmaschinen. Die auf wissenschaftliche Anwendungen ausgerichtete Programmiersprache ALGOL ist weitgehend seine Schöpfung. Im Gebiet der Numerischen Mathematik zählen die Untersuchungen zur Stabilität von Rechenverfahren zu seinen wichtigsten Beiträgen.

Im Laufe des Jahres 1956 erhielt Borel einen Ruf an das Institute for Advanced Study in Princeton und trat aus diesem Grunde auf das Frühjahr 1957 von seiner Professur zurück. Das Schulratsprotokoll vermerkt dazu: «Dieser Ruf bedeutet für ihn eine höchste Ehrung, für die ETH einen grossen Verlust.»[17] Auf die Ausschreibung der Stelle meldeten sich nur zwei Bewerber, nämlich Alexander

Grothendieck und Marcel Rueff, so dass der Schulratspräsident feststellen musste: «Die Anmeldungen sind in erschreckend kleiner Zahl eingegangen.» [18] Nur wenig später zog Grothendieck seine Bewerbung wieder zurück. Da die Behörden den Unterricht in Geometrie bei Ingenieuren immer noch als sehr wichtig erachteten, übertrug man diese Aufgabe jetzt Marcel Rueff und ernannte ihn gleichzeitig zum a.o. Professor für Mathematik in französischer Sprache. Zusätzlich betraute man den «hervorragende[n] Pädagoge[n]» mit der Ausbildung in Didaktik für Mathematiklehrer.

> Marcel Rueff wurde 1910 geboren. Ab 1929 studierte er Mathematik an der ETH und war anschliessend als Assistent bei Gonseth tätig. Er doktorierte 1937 bei Heinz Hopf über Abbildungen von Mannigfaltigkeiten. 1939 wurde er Lehrer an der Kantonsschule Zürich. Ab 1951 versah er zusätzlich Lehraufträge an der ETH, zuerst für Geometrie in französischer Sprache und dann auch in Didaktik der Mathematik. 1957 wurde er zum Professor an der ETH ernannt. Er trat 1976 zurück.

Die Mathematiker nahmen den Weggang von Armand Borel zum Anlass, im Sommer 1957 beim Schulrat zu beantragen, es möge eine Professur zur Verfügung gestellt werden, die besetzt werden könne, «sobald ein bestqualifizierter Kandidat deutscher oder französischer Zunge in Sicht» sei. Man wies im Antrag auch bereits darauf hin, dass man die Stelle von Bernays nach seinem bevorstehenden Rücktritt im Jahre 1959 nicht wieder besetzen wolle. Es macht den Anschein, dass lange kein derartiger Kandidat in Sicht kam. Jedenfalls findet man erst in den Unterlagen von 1962 wieder Spuren dieser Angelegenheit. Die Mathematiker beantragten damals, Martin Kneser von der Universität München an die ETH zu berufen. Dieser hatte allerdings gleichzeitig einen Ruf nach Göttingen erhalten, und nach kurzen Verhandlungen zog er diesen dem Ruf an die ETH vor.

Verglichen mit den dreissiger Jahren hatte sich die Anzahl der Studenten an der ETH in den Jahren nach dem Krieg fast verdoppelt, die Anzahl der Studenten an der Abteilung für Mathematik und Physik hatte sich sogar mehr als vervierfacht.[19] Demgegenüber war die Anzahl der Professoren in Mathematik während dieser ganzen Zeit im wesentlichen gleich geblieben, denn die neugeschaffenen Professuren von Linder, Stiefel und Rutishauser vertraten neu hinzugekommene Fachgebiete. Zwar nahmen die Studentenzahlen in den frühen fünfziger Jahren wieder etwas ab, aber es war zweifellos schon damals klar abzusehen, dass man vor einer Periode schnellen Wachstums stand. In der Tat stieg die Zahl der Studenten an der Abteilung für Mathematik und Physik zwischen 1950 und 1960 auf das Zweieinhalbfache an, von 201 auf 502, und dieses Wachstum setzte sich bis 1970 fast unvermindert fort. Diese Zunahme erfolgte glücklicherweise in einer Zeit, in der eine günstige wirtschaftliche Situation herrschte und darüber hinaus Naturwissenschaft und Technik eine grosse öffentliche Wertschätzung genossen. Diese beiden günstigen Umstände führten zu einer gezielten Förderung des Bereiches von Bildung und Wissenschaft: Die dafür zur Verfügung gestellten öffentlichen Mittel nahmen in den sechziger Jahren rasch zu. Die Hochschulen der Schweiz, insbesondere die ETH, konnten davon in erheblichem Mass profitieren. Da an der ETH nach wie vor die Mathematiker den gesamten umfangreichen Mathematikunterricht an den verschiedenen Abteilungen zu betreuen hatten, führte dies notwendigerweise zu einem starken Ausbau dieses Fachgebietes. So wurden ab 1960 in der Mathematik eine ganze Reihe von zusätzlichen Professuren geschaffen. Gleichzeitig wurde an der ETH die Stellung eines Assistenzprofessors eingeführt, wovon man in der Mathematik sofort ausgiebig Gebrauch machte.

Die früheren Prestige-Lehrveranstaltungen Höhere Mathematik und Geometrie, die wegen des raschen Wachstums der Studentenzahl zu gross geworden waren, wurden im Laufe der sechziger Jahre in mehrere Parallelkurse aufgeteilt und jüngeren Assistenzprofessoren anvertraut. Damit lockerte sich auch die bis anhin feste Zuteilung der Aufgaben an die einzelnen Professoren. Auf die Details der Neubesetzungen können wir im Rahmen dieser Darstellung nicht mehr eingehen. Wir begnügen uns im wesentlichen damit, die Namen aufzuführen. Schon die Anzahl der Ernennungen vermag einen Eindruck von der Dynamik des Ausbaus zu geben.

Bereits 1960 ernannte man Alfred Huber zum Professor und beauftragte ihn mit den bisher von Specker gehaltenen Lehrveranstaltungen an den Ingenieurabteilungen. Für Specker richtete man 1960 eine neue Professur ein und machte die Betreuung der Mathematischen Logik zu einer seiner Hauptaufgaben. Im selben Jahr wählte man Konrad Voss zum Assistenzprofessor und übertrug ihm u.a. die Lehrveranstaltungen in Geometrie für die Ingenieurabteilungen.

1962 erfolgten die Wahlen von Joseph Hersch und Peter Henrici. Hersch übernahm die französischsprachige Geometrievorlesung, und Henrici einen der Parallelkurse über Höhere Mathematik.

Im Jahre 1964 wurden Christian Blatter und Peter Läuchli zu Assistenzprofessoren gewählt. Gleichzeitig wurde Peter Huber Professor für Mathematische Statistik, nachdem man sich schon seit 1960 erfolglos um einen Vertreter dieses wichtig gewordenen Gebietes bemüht hatte. Ähnliches gilt für das Fachgebiet Operations Research, für das man 1964 Franz Weinberg zum Professor wählte.

Die Nachfolge von Heinz Hopf, der 1965 zurücktrat, wurde im selben Jahr von Komaravolu Chandrasekharan übernommen. Bei der Nachfolgeregelung für Saxer, der auf 1966 zurücktrat, verfolgte man den Plan, die Grundvorlesungen an den Ingenieurabteilungen in Parallelkurse aufzuteilen und ernannte zu diesem Zweck mehrere Assistenzprofessoren: Henri Carnal (1965–1966), Herbert Gross (1966–1967), Hans Läuchli (ab 1966), Urs Stammbach (ab 1968), Max-Albert Knus (ab 1969). 1966 erfolgte ausserdem die Ernennung der drei Professoren Hans Bühlmann (Mathematik und Mathematische Statistik), Max Jeger (Elementarmathematik) und Hans P. Künzi (Operations Research), und schliesslich folgte 1968 die Wahl von Kurt Meier (Mathematik).

In dieser stürmischen Wachstumsphase erfolgten im Bereich der Mathematik zwei Neugründungen, die für die weitere Entwicklung äusserst wichtig waren. Interessanterweise wurden beide 1963 in der gleichen Sitzung des Schulrates behandelt.[20] Die eine betraf das Rechenzentrum der ETH und die andere das Forschungsinstitut für Mathematik der ETH (FIM). Der Antrag für das Rechenzentrum ging zurück auf Empfehlungen einer Technischen Kommission für Automatisches Rechnen, die vom Schulrat eingesetzt worden war. Man stellte fest, dass die ERMETH rasch veralte und dass man dringend eine modernere Anlage brauche, um die gewachsenen Bedürfnisse der Benutzer befriedigen zu können. Der Schulrat beschloss darauf, ohne Verzug eine neue elektronische Rechenmaschine (CDC 1604) anzuschaffen, damit das Rechenzentrum auf provisorischer Basis bereits «auf anfangs 1964 in Funktion» gesetzt werden könne.

Der andere Antrag, der im Namen der Mathematik-Professoren von Eckmann und Pfluger eingereicht wurde, betraf die Gründung eines Mathematischen Forschungsinstitutes an der ETH. Bis zu einem gewissen Grade folgte die Konzeption des FIM dem Vorbild «Institute for Advanced Study» in Princeton, auf das im Antrag auch Bezug genommen wurde. Im Unterschied dazu war es aber nicht als selbständige Institution gedacht, sondern es sollte, integriert in das Gremium der Mathematiker, den Rahmen schaffen, um ausgewählten Forschern einen Gastaufenthalt an der ETH zu ermöglichen. Auch dieser Antrag wurde vom Schulrat bewilligt. Noch im gleichen Jahr bestimmte der Schulrat Beno Eckmann zum Leiter des FIM. In den achtziger Jahren wurde das Institut durch Jürgen Moser und Armand Borel weitergeführt. Es entwickelte sich nach seiner Gründung rasch zu einem erstrangigen internationalen Zentrum der mathematischen Forschung; von den durch dieses Institut vermittelten Kontakten konnte die ETH in grossem Masse profitieren.

Die Gründung dieser beiden Einrichtungen lässt ein etwas gewandeltes Selbstverständnis der ETH erkennen. Stand am Anfang die Ausbildung von Ingenieuren und Technikern im Vordergrund, so entwickelte sich die ETH mit der Zeit mehr und mehr zu einer Stätte der Wissenschaft, an der auch die Forschung, angewandte und reine, ihren Platz beanspruchen konnte. Dieses Selbstverständnis war durchaus nicht immer unbestritten; sogar noch in den späten vierziger Jahren wurde der ETH anlässlich einer Budgetdebatte im Eidgenössischen Parlament vorgeworfen, sie «betätige sich, indem sie über ihre Ausbildungszwecke hinaus Lehrstühle für reine Mathematik, Physik und Chemie geschaffen habe, in tentakulärer Weise zum Nachteil der kantonalen Universitäten».[21] Diese Angriffe hatten insofern ihr Gutes, als sie zum Nachdenken anregten und es der ETH möglich machten, sich mit deutlichen Worten zur Wehr zu setzen. Eine gute Gelegenheit dafür ergab sich bei der Feier zum 100jährigen Bestehen der ETH im Jahre 1955. Hier konnte der damalige Rektor und Literaturwissenschafter Karl Schmid feststellen: «Die Geltung der ETH, wie diejenige jeder ähnlichen Schule, als Hochschule hängt mehr noch als von der Güte des Unterrichts ab von dem Range, den sie als *Forschungsstätte* beanspruchen darf.» Und ferner: «[...]die Ausbildung an der Technischen Hochschule [müsste] unweigerlich innert weniger Jahrzehnte ins Hintertreffen geraten [...], sofern die Bedingungen für die *Forschung* an der ETH verschlechtert würden.»[22] Die Entwicklung der Mathematik an der ETH in den fünfziger und sechziger Jahren mit dem starken Ausbau des Lehrkörpers und der Gründung mehrerer neuer Einrichtungen zeigt, dass diese Worte weitgehend beherzigt wurden.

Anmerkungen

Der erste Internationale Mathematiker-Kongress, 1897

1   Die Angaben über den Kongress stammen aus «Verhandlungen des ersten Mathematiker-Kongresses in Zürich vom 9.–11. August 1897», herausgegeben von F. Rudio. B. G. Teubner Verlag, Leipzig 1898. Dies gilt, falls nichts anderes vermerkt ist, auch für die Zitate.

2   Zu Geiser vergleiche p. 45.

3   Zu Meyer vergleiche p. 18.

4   Hermann Minkowski: Briefe an David Hilbert. Herausgegeben von L. Rüdenberg und H. Zassenhaus. Springer Verlag, Berlin 1973, p. 88.

5   Minkowski, l.c., p. 95.

Internationaler Mathematiker-Kongress 1932

1   Die Angaben über den Kongress stammen aus «Verhandlungen des Internationalen Mathematiker-Kongresses Zürich 1932. Erster Band: Bericht und Allgemeine Vorträge». Orell Füssli Verlag, Zürich und Leipzig. Dies gilt, falls nichts anderes vermerkt ist, auch für die Zitate.

2   Weil, A.: Souvenirs d'apprentissage. Birkhäuser Verlag, Basel-Boston-Berlin 1991, p. 99.

Die Mathematiker an der Universität Zürich

1   Anfänge, 1833 bis 1855

1   Horner hatte den russischen Kapitän und Entdeckungsreisenden von Krusenstern bei dessen Weltumsegelung als Astronom und Geograph begleitet. Für seine Verdienste wurde Horner vom Zaren zum kaiserlich-russischen Hofrat ernannt.

2   Wolf, R.: Carl Heinrich Gräffe. Separatabdruck aus der Neuen Zürcher Zeitung. Orell Füssli, Zürich 1874, p. 5.

3   Wolf, l.c., p. 11.

4   Müller, F.: Führer durch die mathematische Literatur. Teubner, Leipzig 1909, p. 24.

5   Raabe, J.L.: Die Differenzial- und Integralrechnung mit Functionen einer Variabeln. Orell Füssli, Zürich 1839, 1843, 1847.

6   Raabe, l.c., Band I, Art. 123, p. 189.

7   vgl. Wolf, l.c., p. 11.

2   Beziehungen zum Polytechnikum, 1855 bis 1876

3   Von 1876 bis zum Ersten Weltkrieg

1   Dieses und die folgenden Zitate zu den Berufungsangelegenheiten sind den Universitätsakten im Staatsarchiv des Kantons Zürich entnommen. Signatur: U 110 b.

2   Fortschritte der Mathematik 37 (1905), p. 459.

3   Dieses und die folgenden Zitate zu den Berufungsangelegenheiten sind den Universitätsakten im Staatsarchiv des Kantons Zürich entnommen. Signatur: U 110 b.

4   Zur Biographie von Bernays und seiner Tätigkeit an der ETH siehe p. 64.

4   Die Zeit nach dem Ersten Weltkrieg

1   Dieses und die folgenden Zitate zu den Berufungsangelegenheiten sind den Dekanatsakten im Archiv der Universität Zürich entnommen. Signatur: ALF Mathematik.

2   Burckhardt, J.J.: Die Mathematik an der Universität Zürich 1916–1950. Beiheft der «Elemente der Mathematik», Birkhäuser Verlag, Basel-Boston-Stuttgart 1980, p. 26.

3   Burckhardt, l.c., p. 4.

4   Zu Gonseths Biographie siehe auch p. 58.

5   Siehe Dekanatsakten, Archiv der Universität Zürich. Signatur: ALF Mathematik.

6   Siehe Dekanatsakten, Archiv der Universität Zürich. Signatur: ALF Mathematik.

7   Dieses und die folgenden Zitate zu den Berufungsangelegenheiten sind den Dekanatsakten im Archiv der Universität Zürich entnommen. Signatur: ALF Mathematik.

8   Siehe Dekanatsakten, Archiv der Universität Zürich. Signatur: ALF Mathematik.

9   Burckhardt, l.c., p. 38.

10   Siehe Dekanatsakten, Archiv der Universität Zürich. Signatur: ALF Mathematik.

11   Siehe Dekanatsakten, Archiv der Universität Zürich. Signatur: ALF Mathematik.

Die Mathematiker an der ETH Zürich

1   Von der Gründung bis zur Jahrhundertwende

1   Oechsli, W.: Geschichte der Gründung des Eidg. Polytechnikums mit einer Übersicht seiner Entwicklung, 1855–1905. Huber & Co., Frauenfeld 1905, p. 60.

2   Nach dem sogenannten Sonderbundskrieg (1848) zwischen den progressiveren reformierten Orten einerseits und den konservativeren katholischen Orten andererseits gab sich die *Schweizerische Eidgenossenschaft* eine neue Verfassung. Diese sah eine bundesstaatliche Ordnung der Kantone vor. Für die Gesetzgebung in den Bereichen, in denen die Kompetenzen beim Bund lagen, wurde ein Parlament eingeführt. Dieses bestand aus zwei Kammern, nämlich dem *Ständerat* mit zwei Vertretern aus jedem Kanton und dem *Nationalrat*, in den jeder Kanton gemäss seiner Bevölkerungszahl Vertreter entsenden konnte. Die Exekutive, der *Bundesrat*, setzte sich aus sieben Mitgliedern zusammen. Als Wahlbehörde für den Bundesrat sah die Verfassung die gemeinsame Versammlung von Ständerat und Nationalrat vor.

3   Oechsli, l.c., p. 283.

4   Oechsli, l.c., p. 241.

5   Wolf, R.: Das Schweizerische Polytechnikum, historische Skizze zur Feier des fünfundzwanzigjährigen Jubiläums. Orell Füssli & Co., Zürich 1880, p. 20.

6   Urner, K.: Vom Polytechnikum zur Eidgenössischen Technischen Hochschule: Die ersten hundert Jahre 1855–1955 im Überblick. In: Eidgenössische Technische Hochschule 1855–1955. Verlag Neue Zürcher Zeitung, Zürich 1980, p. 26.

7   Scholz, E.: Symmetrie, Gruppe, Dualität. Science networks, historical studies. Birkhäuser Verlag, Basel-Boston-Berlin 1989, p. 319.

8   Urner, l.c., p. 26.

9   Gyr, P.: Josef Wolfgang von Deschwanden (1819–1866), Erster Direktor des Eidgenössischen Polytechnikums in Zürich. Eidgenössische Technische Hochschule Zürich, Schriftenreihe der Bibliothek 20, Zürich 1981.

10   Schweizerische Lehrerzeitung 1888, p. 339. Zitiert in Guggenbühl, G.: Geschichte der Eidgenössischen Technischen Hochschule in Zürich. Buchverlag der Neuen Zürcher Zeitung, Zürich 1955, p. 83.

11   Siehe dazu: Knus, M.-A.: Die Mathematik an der Polytechnischen Schule Zürich zur Zeit Christoffels. Heimatblätter des Kreises Aachen, 1978-3/4, 1979-1, p. 45–54. Hieraus stammen auch die folgenden Zitate.

12 Für die Geschehnisse während der Amtszeit Christoffels in Zürich vergleiche man Knus, l.c.

13 Scholz, l.c., p. 168.

14 Klein, F.: Gesammelte mathematische Abhandlungen. Hrsg. R. Fricke und A. Ostrowski. Springer Verlag, Berlin 1921, p. 3.

15 Oechsli, l.c., p. 296.

16 Ausspruch des Physikers Mousson, zitiert in Geiser, C.F.: Die Fachlehrerschule am Eidg. Polytechnikum. Vierteljahrsschrift der Naturforschenden Gesellschaft in Zürich, 1901, p. 338 ff.

17 Koenigsberger, L.: Mein Leben. Carl Winters Universitätsbuchhandlung, Heidelberg 1919.

18 Sitzungsberichte der königl. Preuss. Akad. der Wissenschaften zu Berlin, 26 (1893), 626–628.

19 Biermann, K.-R.: Die Mathematik und ihre Dozenten an der Berliner Universität. 1810–1920. Akademie-Verlag, Berlin 1973, p. 123.

20 Guggenbühl, l.c., p. 255 ff.

21 Siehe dazu den Brief des Schulratspräsidenten Kappeler an den Bundesrat vom 15. Juni 1882. Aus diesem stammen auch die folgenden Zitate. Archiv des Schweizerischen Schulrates, Korrespondenz des Schulratspräsidenten, Missiven. Wissenschaftshistorische Sammlungen der ETH-Bibliothek, Zürich.

22 Biermann, l.c., p. 133.

23 Paur: Oberstkommandant Hermann Bleuler. Neujahrsblatt der Feuerwerkergesellschaft (Artilleriekollegium) in Zürich auf das Jahr 1938, p. 17. Zitiert in Guggenbühl, l.c., p. 113.

24 Siehe dazu und für das folgende die zwei Briefe des Schulratspräsidenten Bleuler an den Bundesrat vom 4. Juni 1892. Aus diesen Dokumenten stammen auch die aufgeführten Zitate. Archiv des Schweizerischen Schulrates, Korrespondenz des Schulratspräsidenten, Missiven. Wissenschaftshistorische Sammlungen der ETH-Bibliothek, Zürich.

25 Ernst Meissner: Gedächtnisrede auf Adolf Hurwitz, Mathematische Werke von Adolf Hurwitz, Birkhäuser Verlag, Basel 1932, p. xxi–xxiv.

26 Archiv des Schweizerischen Schulrates, Protokoll der Schulratssitzungen (Einträge vom 7. August und vom 11. September 1896) sowie Missiven (Brief an den Bundesrat vom 2. September 1896). Wissenschaftshistorische Sammlungen der ETH-Bibliothek, Zürich.

27 Zitiert in der Gedächtnisrede von David Hilbert. Siehe Gesammelte Abhandlungen von Hermann Minkowski, Teubner Verlag, Berlin und Leipzig 1911, p. v–xxxi.

28 Brief von Minkowski an Hilbert vom 31. Januar 1897. Hermann Minkowski: Briefe an David Hilbert. Herausgegeben von L. Rüdenberg und H. Zassenhaus. Springer Verlag, Berlin 1973, p. 92–95.

29 Brief von Minkowski an Hilbert vom 5. Januar 1900. Minkowski, l.c., p. 119–121.

2 Von der Jahrhundertwende bis in die dreissiger Jahre

1 Frei G., Stammbach, U.: Hermann Weyl und die Mathematik an der ETH Zürich 1913–1930. Birkhäuser Verlag, Basel-Boston-Berlin 1992, p. 14/15.

2 Frei/Stammbach, l.c., p. 34.

3 Guggenbühl, l.c., p. 156.

4 Die Angaben stammen aus dem Schulratsprotokoll. Vergleiche Frei/Stammbach, l.c., p. 95.

5 Vergleiche Frei/Stammbach, l.c., p. 99/100.

6 Vergleiche Frei/Stammbach, l.c., p. 114.

7 Vergleiche Frei/Stammbach, l.c., p. 92.

8 Zitiert in Frei/Stammbach, l.c., p. 135; dort fälschlich «Bongenleim».

9 Vergleiche Frei/Stammbach, l.c., p. 149.

10 Vergleiche Frei/Stammbach, l.c., p. 156/157.

11 Vergleiche Frei/Stammbach, l.c., p. 144.

12 Brief von I. Schur an G. Pólya vom 30. Juni 1930. Archiv des Schweizerischen Schulrates, Korrespondenz des Schweizerischen Schulrates, Akten. Wissenschaftshistorische Sammlungen der ETH-Bibliothek, Zürich.

3 Von den dreissiger zu den sechziger Jahren

1 Vergleiche Archiv des Schweizerischen Schulrates, Protokoll der Schulratssitzungen, 1936, Traktandum 17. Wissenschaftshistorische Sammlungen der ETH-Bibliothek, Zürich. Hieraus stammt auch das folgende Zitat über Stiefel.

2 Die Darstellung folgt der von Hopf selbst verfassten Notiz im Nachlass Heinz Hopf, Hs 622:46; Wissenschaftshistorische Sammlungen der ETH-Bibliothek, Zürich.

3 Vergleiche Archiv des Schweizerischen Schulrates, Protokoll der Schulratssitzungen, 1936, Traktandum 74. Wissenschaftshistorische Sammlungen der ETH-Bibliothek, Zürich. In der Folge verbrachte Pólya zuerst zwei Jahre an der Brown University. Erst im Laufe des Jahres 1942 ging er nach Stanford.

4 Archiv des Schweizerischen Schulrates, Akten, 1943. Wissenschaftshistorische Sammlungen der ETH-Bibliothek, Zürich. Hier finden sich auch die weiter unten erwähnten handschriftlichen Notizen Rohns.

5 Archiv des Schweizerischen Schulrates, Protokoll, 1943, Traktandum 70. Wissenschaftshistorische Sammlungen der ETH-Bibliothek, Zürich.

6 Man unterschied zwischen der ‚ersten Professur' für die Vorlesung in höherer Mathematik an den Abteilungen II, IIIA, IIIB, VIII, IX und der ‚zweiten Professur' für die Parallelvorlesung an den Abteilungen I, IV, V, VI, VII, X.

7 Archiv des Schweizerischen Schulrates, Protokoll, 1943, Traktandum 71. Wissenschaftshistorische Sammlungen der ETH-Bibliothek, Zürich.

8 Vergleiche Archiv des Schweizerischen Schulrates, Protokoll, 1945, Traktandum 117. Wissenschaftshistorische Sammlungen der ETH-Bibliothek, Zürich.

9 Vergleiche Archiv des Schweizerischen Schulrates, Protokoll, 1952, Traktandum 117. Wissenschaftshistorische Sammlungen der ETH-Bibliothek, Zürich. Hieraus stammt auch das folgende Zitat.

10 Erwin Engeler: Zum logischen Werk von Paul Bernays. Dialectica 32 (1978), 191–200.

11 Vergleiche Archiv des Schweizerischen Schulrates, Protokoll, 1948, Traktandum 43. Wissenschaftshistorische Sammlungen der ETH-Bibliothek, Zürich. Hieraus stammt auch das folgende Zitat.

12 Vergleiche Archiv des Schweizerischen Schulrates, Protokoll, 1952, Traktandum 105. Wissenschaftshistorische Sammlungen der ETH-Bibliothek, Zürich.

13 Archiv des Schweizerischen Schulrates, Akten, 1954. Wissenschaftshistorische Sammlungen der ETH-Bibliothek, Zürich.

14 Archiv des Schweizerischen Schulrates, Protokoll, 1954. Wissenschaftshistorische Sammlungen der ETH-Bibliothek, Zürich.

15 Archiv des Schweizerischen Schulrates, Protokoll, 1954. Wissenschaftshistorische Sammlungen der ETH-Bibliothek, Zürich.

16 Archiv des Schweizerischen Schulrates, Protokoll, 1954. Wissenschaftshistorische Sammlungen der ETH-Bibliothek, Zürich.

17 Archiv des Schweizerischen Schulrates, Protokoll, 1957, p. 191. Wissenschaftshistorische Sammlungen der ETH-Bibliothek, Zürich.

18 Archiv des Schweizerischen Schulrates, Protokoll, 1956, p. 679. Wissenschaftshistorische Sammlungen der ETH-Bibliothek, Zürich.

19 Archiv des Schweizerischen Schulrates, Protokoll, 1957, p. 278. Wissenschaftshistorische Sammlungen der ETH-Bibliothek, Zürich.

20   Festschrift Eidgenössische Technische Hochschule 1955–1980, Verlag Neue Zürcher Zeitung,
      Zürich 1980. p. 657–660.

21   Archiv des Schweizerischen Schulrates, Protokoll, 1963, p. 198–208. Wissenschaftshistorische
      Sammlungen der ETH-Bibliothek, Zürich.

22   Guggenbühl, G.: Geschichte der Eidgenössischen Technischen Hochschule in Zürich. Verlag
      Neue Zürcher Zeitung, Zürich 1955, p. 178.

23   Schmid, K.: Die Ausbildungsziele der Eidgenössischen Technischen Hochschule. In Festschrift
      Eidgenössische Technische Hochschule 1955–1980, Verlag Neue Zürcher Zeitung, Zürich 1980,
      p. 261–271.

Literatur

Für die allgemeine Geschichte der Universität und der ETH vergleiche man:

Gagliardi, E., Nabholz, H., Strohl, J.: Die Universität Zürich, 1833–1933, und ihre Vorläufer. Erziehungsdirektion, Zürich 1938.

Stadler, P.: Die Universität Zürich, 1933–1983. Rektorat der Universität Zürich, Zürich 1983.

Wolf, R.: Das Schweizerische Polytechnikum, historische Skizze zur Feier des fünfundzwanzigjährigen Jubiläums. Orell Füssli & Co., Zürich 1880.

Oechsli, W.: Geschichte der Gründung des Eidg. Polytechnikums mit einer Übersicht seiner Entwicklung 1855–1905. Huber & Co., Frauenfeld 1905.

Guggenbühl, G.: Geschichte der Eidgenössischen Technischen Hochschule in Zürich. Buchverlag der Neuen Zürcher Zeitung, Zürich 1955.

Urner, K.: Vom Polytechnikum zur Eidgenössischen Technischen Hochschule: Die ersten hundert Jahre 1855–1955 im Überblick. In: Eidgenössische Technische Hochschule 1855–1955. Verlag Neue Zürcher Zeitung, Zürich 1980.

Gewisse spezielle Aspekte der Geschichte der Mathematik werden zusammenfassend dargestellt in:

Burckhardt, J.J.: Die Mathematik an der Universität Zürich 1916–1950. Beihefte der Elemente der Mathematik. Birkhäuser Verlag, Basel-Boston-Stuttgart 1980.

Frei, G.: Geschichte der Mathematik an der Universität Zürich und an ihren Vorläuferinstitutionen von ihren Anfängen bis 1914. In: Jahrbuch Überblicke Mathematik 1994. Vieweg Verlag 1994, p. 217–244.

Frei, G., Stammbach, U.: Hermann Weyl und die Mathematik an der ETH Zürich 1913–1930. Birkhäuser Verlag, Basel-Boston-Berlin 1992.

Fueter, E.: Geschichte der Mathematik. In: Festschrift zur 200-Jahr-Feier der Naturforschenden Gesellschaft in Zürich. Gebr. Fretz, Zürich 1946, p. 135–137.

Plancherel, M.: Mathématiques et mathématiciens en Suisse (1850–1950). Enseign. Math. (2) 6 (1960), 194–218.

Rudio, F.: Die Naturforschende Gesellschaft in Zürich 1747–1896, Vierteljahrsschrift der Naturforschenden Gesellschaft in Zürich 41 (1896), Erster Teil, p. 3–274.

Speiser, A.: Mathematik. In: Festschrift zur 200-Jahr-Feier der Naturforschenden Gesellschaft in Zürich, Gebr. Fretz, Zürich 1946, p. 127–135.

Stammbach, U.: Geschichte der Mathematik an der ETH Zürich 1855–1932. In: Jahrbuch Überblicke Mathematik 1994. Vieweg Verlag 1994, p. 194–216.

Namenindex

Ahlfors, Lars   28
Amsler, Jakob   11

Beaumont, Amy de   36
Bernays, Paul   19, 60
Borel, Armand   63
Burckhardt, Johann Jakob   27
Burkhardt, Heinrich   16

Christoffel, Elwin Bruno   38
Clausius, Rudolf   13

Dedekind, Richard   37
Denzler, Wilhelm   13
Deschwanden, Joseph
   Wolfgang Aloys von   12, 36
Disteli, Martin   23

Eckmann, Beno   61
Eschmann, Johannes   10

Fiedler, Wilhelm   39
Finsler, Paul   26
Franel, Jérôme   44
Frobenius, Georg Ferdinand   42
Fueter, Karl Rudolf   20

Geiser, Carl Friedrich   41
Gonseth, Ferdinand   23, 54
Graeffe, Carl Heinrich   10
Grossmann, Marcel   49
Gut, Max   27

Hirsch, Arthur   48
Hopf, Heinz   55
Hurwitz, Adolf   45

Kollros, Louis   49

Lacombe, Marius   46
Linder, Arthur   61

Méquet, Edouard-Armand   36
Meyer-Kaiser, Arnold   14
Minkowski, Hermann   46
Müller, Anton   11

Nevanlinna, Rolf Hermann   29

Olivier, August   13
Orelli, Johannes   37

Pfluger, Albert   59
Plancherel, Michel   51
Pólya, Georg   53
Prym, Friedrich Emil   38

Raabe, Joseph Ludwig   101, 35
Reye, Carl Theodor   39
Rudio, Ferdinand   45
Rueff, Marcel   65
Rutishauser, Heinz   64

Saxer, Walter   52
Schmidt, Erhard   17
Schottky, Friedrich Hermann   43
Schwarz, Hermann Amandus   41
Sidler, Georg Joseph   11
Specker, Ernst   64
Speiser, Andreas   21
Stickelberger, Ludwig   42
Stiefel, Eduard   59
Stocker, Johann Gustav   37

Togliatti, Eugenio Giuseppe   25

Waerden, Bartel Leendert van der   30
Weber, Heinrich   41
Weyl, Hermann   50
Wolf, Johann Rudolf   13

Zermelo, Ernst   19

Günther Frei, Université Laval, Québec, Canada /
Urs Stammbach, ETH Zürich, Schweiz

Hermann Weyl und die Mathematik
an der ETH Zürich, 1913-1930

1992. 210 Seiten. Gebunden
ISBN 3-7643-2729-4

Hermann Weyl verbrachte die Jahre 1913-1930 als Professor für Mathematik an der ETH Zürich. Er selbst sagte über diese Zeit, es seien „die wohl wichtigsten und produktivsten Jahre" seines Lebens gewesen. Anhand von Briefen und Dokumenten, vor allem aus dem Schulratsarchiv der ETH Zürich, beschreibt dieses Buch Hermann Weyls Leben in Zürich; gleichzeitig stellt es die personelle Entwicklung der Mathematik an der ETH Zürich während dieser Zeit dar. Einen besonders wichtigen Platz nehmen in dieser Sammlung die Dokumente ein, die Hermann Weyls zahlreiche Berufungen an andere Hochschulen betreffen; sie erlauben einen interessanten Einblick in die damalige Berufungspraxis. Einen tiefen Zwiespalt spiegeln die Briefe an die Zürcher Freunde wider, als ihm 1930 die Nachfolge Hilberts in Göttingen angeboten wird. Hermann Weyl ist innerlich zerrissen zwischen der Liebe zu Göttingen und seiner deutschen Heimat einerseits und der großen Abscheu vor den politischen Verhältnissen dort andererseits. Eine Dokumentation, die dem Leser den Wissenschaftler wie den Menschen Hermann Weyl eindrücklich vor Augen stellt.

**Bitte bestellen Sie bei Ihrem
Buchhändler oder direkt bei:**

Birkhäuser Verlag AG
P.O. Box 133
CH-4010 Basel / Schweiz
FAX: ++41 / 61 / 271 76 66

**Für Bestellungen aus den USA
oder Canada:**

Birkhäuser
333 Meadowlands Parkway
Secaucus, NJ 07094-2491
USA

Birkhäuser 

**Birkhäuser Verlag AG
Basel · Boston · Berlin**

George Pólya

The Pólya Picture Album

Encounters of a Mathematician

Edited by G.L. Alexanderson
1987. 160 pages. Hardcover
ISBN 3-7643-3352-9

For many years mathematicians visiting Stanford enjoyed guided tours through pages of the Pólya photograph album; these were led by Professor Pólya himself, who passed on reminiscences and stories about the individuals and meetings depicted there. The photographs (many of which were taken by Pólya's wife, Stella) give a highly personal view of the mathematical community of the 20th century. In this book, G.L. Alexanderson has put together an extensive selection of these pictures, accompanied by remarks taken from tapes of Pólya's conversations with his visitors, so that a wider audience can enjoy this encounter with a man who occupies a special place in mathematics.

Please order through your bookseller or write to:

Birkhäuser Verlag AG
P.O. Box 133
CH-4010 Basel / Switzerland
FAX: ++41 / 61 / 271 76 66

For orders originating in the USA or Canada:

Birkhäuser
333 Meadowlands Parkway
Secaucus, NJ 07094-2491
USA

Birkhäuser 

Birkhäuser Verlag AG
Basel · Boston · Berlin